科学与中国

十年辉煌　光耀神州

气候与灾害科学技术集

白春礼　主编

图书在版编目(CIP)数据

科学与中国：十年辉煌 光耀神州(10集)/白春礼主编. —北京：北京大学出版社,2012.10

ISBN 978-7-301-21103-8

I.科… II.白… III.①科技发展–成就–中国 ②技术革新–成就–中国 IV.①N12 ②F124.3

中国版本图书馆CIP数据核字(2012)第189567号

书　　　名：	科学与中国——十年辉煌 光耀神州(10集)
著作责任者：	白春礼　主编
丛 书 策 划：	周雁翎
丛 书 主 持：	陈　静
责 任 编 辑：	陈　静　李淑方　于　娜　郭　莉
	邹艳霞　刘　军　唐知涵　周雁翎
标 准 书 号：	ISBN 978-7-301-21103-8/G·3485
出 版 发 行：	北京大学出版社　　新浪官方微博：@北京大学出版社
地　　　址：	北京市海淀区成府路205号　100871
网　　　址：	http://cbs.pku.edu.cn
电　　　话：	邮购部 62752015　发行部 62750672
	编辑部 62767857　出版部 62754962
电 子 信 箱：	zyl@pup.pku.edu.cn
印　刷　者：	北京中科印刷有限公司
经　销　者：	新华书店
	650毫米×980毫米　16开本　200印张　1690千字
	2012年10月第1版　2013年5月第2次印刷
定　　　价：	860.00元(10集)

未经许可,不得以任何方式复制或抄袭本书之部分或全部内容。
版权所有,侵权必究
举报电话：010-62752024　电子信箱：fd@pup.pku.edu.cn

编委会名单

主　编　白春礼

委　员（以姓氏笔画为序）

王　宇　　王延觉　　石耀霖　　叶培建　　戎嘉余
朱　荻　　朱邦芬　　朱雪芬　　刘嘉麒　　安耀辉
孙德立　　李　灿　　吴一戎　　何积丰　　张　杰
张启发　　陈凯先　　陈建生　　周其凤　　南策文
侯凡凡　　郭光灿　　曹效业　　康　乐

秘书处

周德进　　王敬泽　　刘春杰　　曾建立　　李　楠
邱成利　　刘　静　　李　芳　　欧建成　　丁　颖
赵　军　　谢光锋　　林宏侠　　马新勇　　申倚敏
张家元　　傅　敏　　向　岚　　高洁雯

序　言

　　十年前,由中国科学院牵头策划,并联合中共中央宣传部、教育部、科学技术部、中国工程院和中国科学技术协会共同主办的"科学与中国"院士专家巡讲活动拉开了帷幕。这项活动历经十载,作为我国的一项高端科普品牌活动,得到了广大院士和专家的积极响应,以及社会公众的广泛支持和热烈欢迎。十年来,巡讲团举办科普报告800余场,涉及科技发展历史回顾、科技前沿热点探讨、科学伦理道德建设、科技促进经济发展、科技推动社会进步等五个方面,取得了良好的社会反响,在弘扬科学精神、普及科学知识、传播科学思想、倡导科学方法等方面作出了突出的贡献。

　　"科学与中国"院士专家巡讲团由一大批著名科学家组成,阵容强大,演讲内容除涉及自然科学领域外,还触及科学与经济、社会发展等人文领域,重点针对"气候与环境"、"战略性新兴产业"、"科学伦理道德"、"振兴老工业基地"、"疾病传染与保健"等社会关注的焦点问题和世界科技热点,精心安排全国各地的主题巡讲活动。同时,该活动还结合学部咨询研究和地方科技服务等工作开展调查研究,扩大巡讲实效。近年来,巡讲团针对不同人群的需要,创新开展活动的组织形式,分别在科技馆和党校开辟了面向社会公众和公务员的"科学讲坛"科普阵地,举办了资深院士与中小学生"面对面"对话交流活动。这些活动的实施在激励青少年学生成长成才和献身科学事业、培养广大领导干部科学思维与科学决策、引导社会公众全面正确认识科学技术等方面都起到了积极作用。如今,"科学与中国"院士专家巡讲活动已经成为我国高层次的科学文化传播活动,是科学家与公众的交流桥梁,是科学真谛与求知欲望紧密联结的纽带,是传播科学的火种。

科技创新,关键在人才,基础在教育。进入21世纪以来,世界科技发展势头更加迅猛,不断孕育出新的重大突破,为人类社会的发展勾勒出新的前景,世界政治、经济和安全格局正在发生重大变化。随着人类文明在全球化、信息化方面的进一

序 言

步发展，国家间综合国力的竞争聚焦于科技创新和科技制高点的竞争，竞争的重点在人才，基础在教育。胡锦涛同志在2006年全国科学技术大会上曾经指出，要"创造良好环境，培养造就富有创新精神的人才队伍"。是否能源源不断地培养出大批高素质拔尖创新人才，直接关系到我国科技事业的前途和国家、民族的命运。由于历史的原因，作为一个人口大国，我国公众整体科学素养水平相对较低，此外，由于经济、社会发展不均衡，公众科学素养存在很大的城乡差别、地区差别、职业差别。所以，我国的科普工作作为公众科学教育的重要环节，面临着更加复杂的环境。中国科学院应当充分发挥自身的资源优势，动员和组织广大院士和科技专家以多种形式宣传科技知识，传播科学理念，积极开展科普活动，把传播知识放在与转移技术同样重要的位置，为培育高素质创新人才创造良好的环境条件并作出应有的贡献。

中国科学院学部联合社会力量共同开展高端科普工作的积极意义，不仅在于让公众了解自然科学知识，更在于提高公众对前沿科技的把握，特别是加深其对科学研究本身的思想、方法、精神、价值、准则的理解,这是对大中小学课程和社会公众再教育的重要补充。只有让公众理解科学,才能聚集宏大的人才队伍投身于科技创新事业,才能迸发持续不断的创新源泉,凝结为创新成果。

我们向社会公开出版院士专家的演讲报告文集,希望读者能够通过仔细阅读,深度体会科学家们的科学思想和科学方法,感受质疑、批判等科学精神和科学态度,理解科技的道德和伦理准则,把握先进文化和人类文明的发展方向,并在实际工作和社会生活中切实加以体会和运用。这也是中国科学院学部科学引导公众、支撑国家科学发展的职责之所在。

是为序。

2012年春

目 录

黄荣辉:我国的重大气候灾害及其预测 / 1

符淙斌:地球气候变化及其预测 / 13

安芷生:21世纪的全球变化科学 / 53

白以龙:破坏灾害和演化诱致突变 / 75

陈运泰:活动的地球:板块大地构造与地震 / 91

顾国华:GPS——地震预测利器 / 129

陈运泰:海啸与地震 / 151

胡鞍钢:SARS危机和中国经济 / 183

我国的重大气候灾害及其预测

黄荣辉

一、我国重大气候灾害的严重性及其发生的时空特征
二、中国重大气候灾害的发生成因
三、重大气候灾害的预测

【作者简介】黄荣辉,中国科学院院士,研究员。男,1942年8月生,1965年毕业于北京大学地球物理系,1983年获日本东京大学理学博士学位,1986年晋升为中国科学院大气物理研究所研究员。1993年至今任国务院学位委员会学科评议组成员。1993年迄今当选为第八、九、十届全国政协委员。1996—2002年中国科学院地学部常委、中国科学院研究生院学位评定委员会副主任、中国气候研究委员会常务副主任。1997年迄今被选为中国科学院学位委员会副主任。2002—2010年任中国气象学会副理事长。1986年,荣获"全国五一劳动奖章"和"国家级有突出贡献的中青年科学家"称号,先后荣获中国科学院科技进步奖一等奖二次、二等奖一次、自然科学奖二等奖一次、国家自然科学奖三等奖三次,1999年获何梁何利基金科学与技术进步奖。

黄荣辉院士是我国天气动力学学科的学术带头人之一,为行星波动动力学、大气环流和气候动力学的发展作出了许多系统而有创造性的研究。多年来,他从观测事实、动力理论和多层数值模拟入手,系统地研究了地球大气中准定常行星波的形成、传播和异常的机理,提出准定常行星波在球面三维大气中传播方程和在三维大气中沿两支波导传播的行星波传播理论,正确地证明了球面大气行星波的波作用守恒;20世纪80年代,他与日本学者同时提出热带西太平洋暖池热状态和暖池上空(特别是菲律宾周围)对流活动强弱在东亚夏季风大气环流与气候异常中起着重要作用的理论,并且提出了影响我国夏季旱涝的北半球夏季大气环流异常的遥相关型及其理论。曾主持"灾害性气候的预测及其对农业年景和水资源调配的影响"等重大研究项目,现任《国家重点基础研究发展规划》首批启动项目"我国重大气候灾害的形成机理和预测理论研究"的首席科学家。此外,为填补我国关于中层大气动力学研究的空白,他正在努力开展中层大气动力学方面的研究。

我国的重大气候灾害及其预测

我国是世界上气候脆弱区之一。近年来,气候异常给我国带来了严重的气候灾害,尤其是旱涝等重大气候灾害,每年约造成200亿千克的粮食损失和2000亿元以上的经济损失,气象灾害所造成的损失可占到国民经济生产总值的3%~6%。由于我国气候灾害的严重性,因此,我国重大气候灾害的特征、成因及预测已成为我国国民经济建设中亟须研究的前沿课题。

习惯上,人们把气候灾害与天气灾害统称为气象灾害。气候灾害是指大范围、长时间的气候异常造成的灾害,如长时间气温偏高、偏低或降水量偏多、偏少等,这些气候异常会带来干旱、洪涝、低温、冷害等灾害。这些气候灾害的发生将会对农业、工业、牧业、水利、交通和人民生命安全等带来严重的影响,并造成巨大的经济损失。

一、我国重大气候灾害的严重性及其发生的时空特征

我国重大气候灾害主要有以下几种:

(1) **干旱** 干旱是我国最常见、影响最大的气候灾害,每年因干旱造成的粮食减产和经济损失约占气象灾害所造成经济总损失的50%左右。根据统计结果,全国各地均可发生干旱,全国每年平均旱灾面积约3亿亩左右,占我国耕地总面积的1/6左右。我国有些地区经常

出现年降水量比常年平均降水量偏少30%~50%的情况,个别季度甚至出现比常年平均少60%~80%的情况,致使发生严重干旱。华北地区在1965年以后,降水连年减少,20世纪八九十年代的年平均降水量约比20世纪50年代减少了20%以上,造成了严重干旱,特别是1997—2002年夏季,华北地区平均降水量比常年平均降水量约减少了30%以上,发生了持续干旱现象,致使华北地区农作物大幅度减产、水资源严重短缺、生态环境恶化、沙尘暴加剧。

(2) **雨涝** 雨涝是我国仅次于干旱的气候灾害,雨涝每年造成的粮食和经济损失约占气象灾害所造成经济总损失的27.5%左右,个别严重雨涝年份损失更严重。全国年平均雨涝受灾耕地约1.0亿~1.5亿亩左右。1998年夏季长江流域、嫩江和松花江流域降水量将近常年的2倍,发生了特大洪涝灾害,受灾耕地面积高达3.0亿亩左右,造成了工农业和人民生命财产的严重损失;2003年7月,淮河流域降水比常年增加了一倍,引起了严重的洪涝灾害,给安徽、江苏两省的农业生产带来了严重损失。

(3) **沙尘暴** 沙尘暴本身是一种天气灾害,但沙尘暴发生频次增多则成为气候灾害。近年来,由于北方春季干旱、河套气旋发生频率增高、大风天气明显增多,使得沙尘暴发生次数大幅度增多。2000年,内蒙古和华北地区发生了13次沙尘暴和扬沙天气,2001年又发生了

18次沙尘暴和扬沙天气，2002年春季沙尘暴也接连不断地发生，特别是2002年3月20日西北地区和内蒙古、华北地区发生了10多年来最严重的沙尘暴。沙尘暴不仅影响工农业生产，危害人民的身体健康和生命安全，而且由于沙尘暴影响大气能见度，因而影响交通，严重时高速公路和机场需要关闭。

除上述主要气候灾害外，还有夏季低温、霜冻、低温阴雨、寒害、雪灾、登陆台风偏多等气候灾害。

我国东部地区由于处于东亚季风区，各种气候灾害出现的频率随季节和地理位置而变化。

（1）干旱　干旱主要发生在我国西北和华北地区以及西南地区。西北地区年降水量很小，一年四季均有干旱发生，属于干旱气候；华北地区降水量年际和季节变化很大，在春、夏季很容易发生干旱，特别是黄淮海地区干旱发生的频率更高，黄淮海地区干旱发生频率可达三年两遇。从20世纪70年代末至今，华北地区频繁发生干旱。

（2）雨涝　雨涝发生的频率比干旱发生的频率稍低，一般约为5年一遇，主要发生在长江中、下游地区和东南沿海地区。夏季在长江中、下游地区雨涝发生的频率可达三年一遇，且强度大，影响范围广。20世纪，长江流域发生了三次特大洪涝，第一、二次和第三次特大洪涝分别发生在1931年、1954年、1998年的夏季。

（3）沙尘暴　沙尘暴和扬沙天气主要发生在春季，

大部分发生在我国西北、华北和东北地区。

我国的气候灾害随季节变化很大,旱涝主要发生在春、夏两季;沙尘暴和扬沙天气主要发生在春季;登陆台风偏多与低温主要发生在夏季;而寒害和雪灾主要发生在冬季;霜冻灾害主要发生的春、秋两季。各种重大气候灾害发生的频率大部分为三到四年一遇。如果以季为单位,并且考虑到不同地区的影响,则全国每年可能发生的重大气候灾害达十几到二十次之多。有些年份气候异常大,各种气候灾害可同时发生,从而发生严重的自然灾害,带来巨大经济损失;有些年份气候条件相对较好,气候灾害较少发生,全国风调雨顺,粮食丰收。气候灾害还有很大的年代际变化,总的情况是:20世纪50年代除雨涝灾害较多外,其他灾害不多;20世纪70年代气候灾害最频繁,干旱、雨涝、霜冻等重大灾害时常发生;20世纪80年代干旱发生频率增加,其他灾害发生频率低于20世纪70年代,与20世纪60年代相当,仍远大于20世纪50年代;20世纪90年代,干旱和洪涝发生频率均增加,20世纪90年代末到21世纪初,沙尘暴发生频率突然增多。

二、中国重大气候灾害的发生成因

要预测我国气候灾害的发生,首先必须了解我国气候灾害的形成机理。从20世纪70年代起,人们在认识气候方面有了一个突破性的飞跃。人们认识到:气候变化与异常不仅仅是由于大气圈的内部热力、动力作用的结果,而且是大气圈、水圈、冰雪圈和岩石圈所构成的地球气候系统中各圈层相互作用的结果。因此,气候灾害的发生不仅与大气内部过程有关,而且还与大气外部如海洋、陆面等的热力状况有关。我国气候灾害的发生主要是由于东亚气候系统变化所引起的,初步归纳有如下几个物理因子:

(1) ENSO循环(或称"恩索"循环) 当ENSO事件处于发展阶段,即当赤道东太平洋海温处于上升阶段时,该年夏季我国江淮流域降水将会偏多,可能发生洪涝灾害,而黄河流域、华北地区的降水往往偏少,易发生干旱灾害,我国东北往往发生低温灾害;相反,在ENSO事件处于衰减阶段或处于 La Niña 事件(即"拉尼娜"事件)的发展阶段时,也就是赤道中、东太平洋海温处于下降阶段时,我国淮河流域的降水往往偏少,并可能发生干旱灾害,而黄河流域、华北地区及长江流域南部、华南地区的降水可能偏多,我国长江流域的严重洪涝灾害均发生在此阶段。此外,在ENSO事件成熟期,我国北方往往发生暖冬现象。上述20世纪长江流域三次特大洪涝灾害均发生在赤道太平洋ENSO事件的衰减期或 La Niña 事件(即"拉尼娜"事件)的发展期。

(2) 西太平洋暖池海水热力异常 当西太平洋暖

池的海温偏高时,从菲律宾周围经南海到中印半岛的对流活动强,长江中、下游地区和淮河流域的降水往往偏少;相反,当西太平洋暖池的海温偏低时,菲律宾周围的对流活动较弱,长江中、下游地区和淮河流域的降水往往偏多。1998年夏季,整个热带西太平洋暖池海域的次表层海温处于偏低状态,因而菲律宾周围的对流活动很弱,西太平洋副热带高压偏南,从而造成雨带稳定在长江流域,使得长江流域发生特大洪涝灾害。

（3）**青藏高原上空的热源异常**　青藏高原冬、春雪盖与我国长江流域南部的汛期降水有明显的正相关。即青藏高原冬、春雪盖面积大,夏季洞庭湖、鄱阳湖和江南地区的梅雨就强。1997年冬和1998年春,青藏高原降下了历史上罕见的大雪,这使得夏季洞庭湖和鄱阳湖降水偏多,发生洪涝灾害。

（4）**亚洲季风环流异常**　由于东亚气候受东亚季风影响很大,因此,东亚气候的年际变化是很大的,从而造成东亚旱、涝等气候灾害发生频率增高,尤其在我国东部、韩国和日本表现更为明显。最近许多研究表明,东亚夏季风降水有明显的准两年周期振荡,特别是在江淮流域、黄河流域和华北地区表现得更为明显。当亚洲季风偏弱时,长江流域梅雨偏强,容易引起洪涝灾害,而华北地区则容易发生干旱灾害。1998年东亚夏季风偏弱,这使得长江流域多雨,发生严重洪涝灾害。自20世纪80年代以来,由于亚洲季风偏弱,使得华北地区发生持续干旱灾害现象。

(5) **西太平洋副热带高压异常** 东亚雨带的北移是与西太平洋副热带高压的北跳有关。研究表明:我国夏季在夏季风环流背景下,在青藏高原的影响下,在副热带高压的西侧与北侧,季风暴雨具有突发性与多发性,从而引起洪涝灾害。由于东亚夏季风与西太平洋副热带高压密切相关,西太平洋副热带高压偏南时,我国长江流域梅雨增强。1998年春夏,菲律宾周围对流活动弱,使得西太平洋副热带高压位置偏南,这引起了从孟加拉湾到长江流域热带西太平洋水汽输送偏强,从而造成了这些地区严重的洪涝灾害。

三、重大气候灾害的预测

由于气候灾害发生的成因是很复杂的,目前国内外还没有一个很有效的方法来准确地预测它,这主要是由于我们对气候灾害发生的规律和成因还没有清楚的认识。鉴于气候灾害预测的需要,国内外许多气象学家经过多年的研究,发展并设计了"海—陆—气耦合"的气候数值模式,并且把这些气候数值模式应用到实际的短期气候预测实践中,得到了一定的预测效果。我们在对旱涝规律与成因研究的基础上,提出了一种综合旱涝预报方法,即利用物理相关与气候数值模式相结合的方法,经过多年的预报试验,证明这是一种有发展前途的行之有效的旱涝气候灾害预测方法。例如,1991年夏在淮河流域和长江中、下游地区发生了严重的洪涝灾害,1998年夏季在长江流域以及嫩江、松花江流域发生了特大洪涝灾害,以及最近三年华北地区发生了严重干旱灾害,利用我们所提出的方法比较成功地把这些严重的旱涝区域预报出来,这说明物理相关与气候数值模式相结合的旱涝预测方法对于严重的旱涝灾害还是有一定的预报效果的。

　　近年来,我国华北地区发生了持续的严重的干旱现象,长江流域频繁发生洪涝灾害,在内蒙古和新疆等地,冬季时常有严重的雪灾发生,春季在我国华北、西北地区频繁出现沙尘天气或沙尘暴现象。如果要较准确地预测这些灾害的发生,就必须搞清这些气候灾害发生的规律与成因。这不仅需要通过大量的观测把全球气候系统各子系统的相互作用搞清楚,而且还应利用数学、物理学的最新成果,把气候系统的各圈层相互作用的物理、化学、水文和生物过程用数值模式表示出来,再利用巨型计算机通过这些模式的计算来模拟气候系统的季度、年际、年代际变化。在这些研究的基础上,经过大量的预测试验,才能够利用这些气候数值模式来预测上述气候灾害的发生。因此,要比较准确地预测气候灾害的发生还需漫长而大量的研究。

地球气候变化及其预测

符淙斌

一、气候变化对全球的影响
二、关于气候变化的国际联合行动
三、气候变化问题的研究

【作者简介】符淙斌,气候学家,中国科学院院士,现任中国科学院大气物理研究所研究员,国家"973"项目"北方干旱化和人类适应"首席科学家,国际START全球变化东亚区域研究中心主任。并在国际地圈—生物圈计划(IGBP)亚太全球变化研究网络科学委员会和国际气候变化委员会等国际组织任职,2005年当选为国际科学理事会执行局成员。

符淙斌院士主要从事气候和全球变化研究,在热带海气相互作用、季风气候与生态系统相互作用、气候突变及其对全球增暖的响应和区域气候模拟等前沿领域取得了系统的创新成果。先后获中国科学院自然科学奖等多项奖项,作为第一完成人的研究成果"东亚季风气候——生态系统对全球变化的响应",获2004年国家自然科学二等奖。

地球气候变化及其预测

一、气候变化对全球的影响

1. 全球增暖现象

大家通过各种媒体已经了解到,气候变化现在已是国际社会非常关心的一个热点问题。不仅是在科学界,各国的政府和老百姓也常常会谈到气候变化的问题,大家最关注的就是全球增暖问题。图1是科学家们根据各种数据汇集出来的最近1000年北半球地表温度的变化

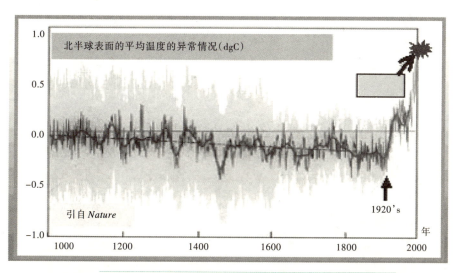

▲图1　最近1000年北半球地表温度的变化情况图

▲图2 1970年，非洲乞力马扎罗山上的冰川

地球气候变化及其预测

▲图3 2000年，非洲乞力马扎罗山上的冰川

情况图。从图中我们可以清楚地看到地球的温度在20世纪20年代以前基本上是一个缓慢的下降过程,20年代以后有一个快速的增暖过程,这就是大家经常说的"全球增暖"现象。

全球增暖现象表现在很多方面,其中一个非常突出的例子是高山冰川的溶化。图2是大家熟知的非洲乞力马扎罗山,这幅图片是20世纪70年代拍照的,大家可以看到当时上面冰川的分布还是相当广泛的。图3是一位科学家在30年后(即2000年)拍的照片。这位科学家在同一角度上留下了不同年份的照片。大家可以看到,到2000年的时候,山上的冰川已经减少了很多。有人预测说,到2020年冰川可能会完全消融,成为一个光秃秃的石头山。图4是在不同年份记录下来的高山上的冰量。根据这个缩减趋势,他们预测到2020年冰川可能会全部消融。这是证明全球增暖现象的一个非常精彩的例子。

2."厄尔尼诺"现象

气候变化的第二个热点问题就是大家经常谈到的"厄尔尼诺"现象。这个现象主要是指赤道太平洋上海面海水温度大面积异常增暖的现象。"厄尔尼诺"现象给全球很多地方带来了气候灾害。我本人从20世纪70年代开始做了大量的关于"厄尔尼诺"现象的工作,在此分析一下这一现象为什么会被社会如此关注。

地球气候变化及其预测

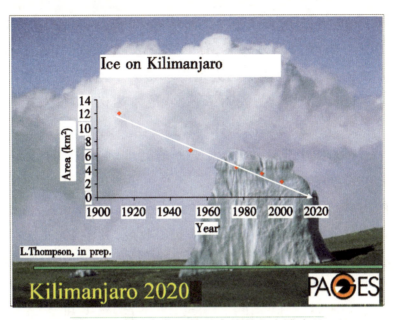

▲ 图4 不同年份记录下来的高山上的冰量

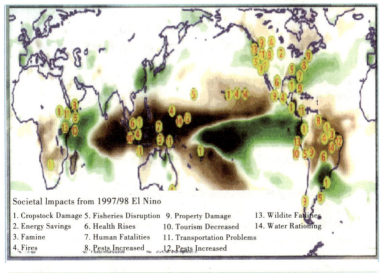

▲ 图5 1997—1998年，一次"厄尔尼诺"事件对全球造成的影响

"厄尔尼诺"现在对全球的影响有多种表现形式,有的地方表现为森林火灾,有的地方表现为洪水,有的地方由于严冬造成能量的大量需求影响了生活,包括旅游业,等等。图5概括说明了一次"厄尔尼诺"事件对全球很多地方带来的经济和社会影响。

"厄尔尼诺"影响中国的一个突出例子就是1997—1998年的长江洪水灾害。图6是中国1998年长江洪水的灾害统计,受灾人口2亿多人,死亡人口2000多人,倒塌房屋几百万座,严重影响了农田收成,其中400万公顷良田颗粒无收。长江流域6个代表性的水文站创造了历史上最高的水文记录。同时,世界上其他国家也出现了干旱和森林火灾。比如,南美、菲律宾、澳大利亚、墨西哥等国家,都受到了严重的自然灾害。

Total damage of whole valley flood disasters of Yangtze river, 1998

Disaster affected population	240 million
Died people	2000 person
Collapsed houses	5.58 million unit
Disaster affected farmland	21.53 million ha

among these, 4.48 million ha with no yield

Funds from government for mitigation 2.2 billion yuan

6 stations of Yangtze river have broken their historical records of water level

▲图6 1998年长江洪水造成的灾害统计(英文资料)

3. 气候变化的其他表现

全球气候变化还有许多其他表现：其一是臭氧洞的出现。科学家们发现，20世纪70年代以来全球大气臭氧总量迅速减少。因为发现臭氧洞以及对它的物理机制进行了科学的解释，有三个科学家获得了诺贝尔化学奖。这是环境科学，尤其是大气科学领域中唯一一次获得诺贝尔奖。从图7中我们可以看到南极上空的臭氧大量亏损。

其二是气候干旱化。西非地区20世纪70年代以来一直缺水，造成2亿多人严重的粮食短缺。随着人类社

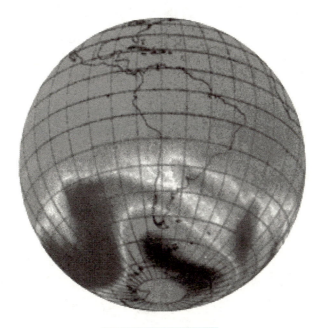

▲图7 南极臭氧洞

会的发展,水资源需求量增加,20世纪以来全球消耗的水量增加了6倍。目前世界上大约有20亿人口用水有困难。估计到2025年,有一半以上的世界人口会面临缺水的威胁。

我们随之关心的是土地退化和荒漠化现象。现在全球土地的退化面积达到了1/4,而亚洲则达到了1/3。我们常说,我国地大物博,但我们却有40%的国土面积处于干旱或半干旱状态。这些地区的生物链十分脆弱,环境承受能力也比较低。全国每年因为干旱所造成的经济损失达1000亿元以上。我们在报纸上经常看到黄河断流现象。黄河自20世纪70年代以来,断流的天数越来越多,范围也越来越大。当然,这里面除了气候因素之外,还因为人们的用水量越来越大了。

二、关于气候变化的国际联合行动

气候灾害对人类所造成的影响,按照人口比例来讲,已经占到了所有自然灾害的一半左右。所以,气候和气候变化问题确实是当今社会人们非常关注的热点问题。正因为严峻的气候变化问题,自20世纪50年代初开始,科学家们和其他各界人士发起了一系列国际联合行动。其一是在巴西召开的环境发展大会。在这个会议上,人类开始制定气候保护框架,要求全世界联合起来稳定地球的气候。其二是成立政府间气候变化委员会。因为科学家和社会公众,包括政府界人士认识到某些气候的变动很大程度上是由于人类不合理利用和开发资源带来的,所以需要约束人类自己的行动来稳定地球的气候。在这个基础上联合国成立了一个"政府间气候变化委员会"。这个机构每四年组织世界各国的气候科学家以及与气候有关的学科专家,对气候研究的现状和未来的发展趋势,以及气候对社会经济可能带来的影响提供评估报告,并把这个评估报告提供给各国政府,为他们的社会经济发展决策提供依据。其三是针对臭氧洞增大现象(参见图7)的"蒙特利尔协议"。这个协议在保护气候环境方面发挥了重要作用,使得大气臭氧亏缺问题逐步得到遏制。其四是京都议定书。这是发达国家在如何进一步稳定气候这一重要问题上,一致商定减少温室气体排放,并为此而签署的一项协定。这个协定的主要对象是发达国家。美国是头号,因为它是世界上排放二氧化碳最多的国家。但到目前为止,美国尚未在这个协定上签字。俄罗斯已经得到了国家杜马批准,在这个协定上签了字。我们属于发展中国家,以人均水平而言,我们的二氧化碳排放量还是远远低于世界平均水平的,但是我们的绝对排放量已经攀升至世界第二或第三的位置上,所以我们也承受着非常大的国际压力。尽管中国不属于发达国家,目前还没有承担减少温

室气体排放的国际义务,但总有一天,中国也要承担起这个减排的任务。世界各国对我们在目前没有承担国际义务的前提下采取各种措施减少温室气体排放的做法表示赞赏。

三、气候变化问题的研究

气候变化问题已经成为当今地球科学发展最迅速的领域之一。气候研究领域的科学目标有以下几点:首先是要解释气候变化的规律和机制;第二是要预测未来气候的变化;第三是要评估气候变化对全球生态系统,以及对经济和社会发展产生什么影响;第四是为制定气候变化的适当对策提供科学依据。现在我们从以下几个方面来介绍一下气候变化研究的一些进展情况。

1. 重建地球气候变化的历史

要了解气候是怎样变化的,需要有历史记录。但是气象仪器观测的记录,在中国最长的历史就只有100多年,在欧洲最长的历史也就是200多年。所以需要重建地球气候变化的历史。通过各种各样的环境载体记录的气候变化的情况,来重建过去的气候变化的历史,这大部分是属于地质学家们的工作。他们要通过海底沉积物、湖泊沉积物、冰芯、孢子花粉、黄土等多种环境信息来重建气候变化的历史。过去,我们的主要成就是已经重建了地球42万年来的气候变化,这是一个非常重要的成就。气候历史的记录表明了地球气候有10万年左右的冰期和间冰期的基本循环,以及其他时间尺度的振荡。图8是42万年以来由南极冰芯记录下来的地球温度,以及大气中二氧化碳和甲烷两种主要的温室气体浓度的变化。从图8中我们可以看到,该曲线所指示出来的上上下下的起伏,大约是10万年左右一个大周期。中

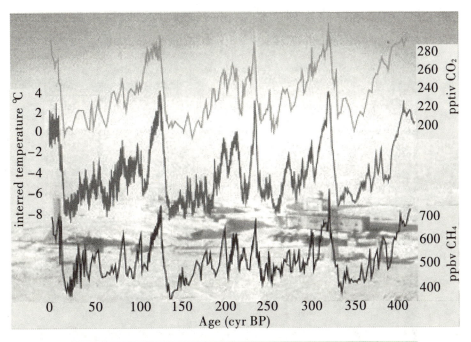

▲图8　42万年以来,地球温度、大气二氧化碳和甲烷浓度的变化曲线(取自南极冰芯记录,Petit et al,1999)

间的曲线是推导出来的温度,另两个曲线是甲烷和二氧化碳的浓度。该振荡图可以告诉我们一个结论:在历史上没有强烈的人类活动的情况下,地球表面温度的变化已经跟大气中温室气体含量的变化有关系。当然,这幅图并不能说明温室气体会引起地球变暖的事实,只是说明地表气温与温室气体之间长期存在着这样一种关系。图9是气候学家的15万年以来全球的温度变化图。

现在关于气候变化大家公认的结论有如下几点:

第一个结论是,地球气候是处在不断变化中的。最近1000年来北半球温度变化曲线提供了近百年来地球气候变暖的确切证据。主要的证据是,20世纪是最近

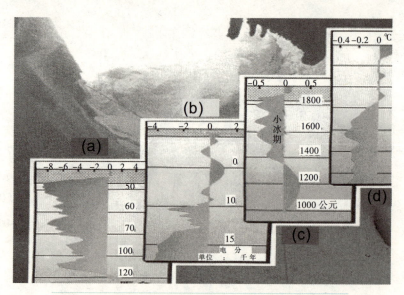

▲图9 气候学家重建的15年以来全球温度变化图

地球气候变化及其预测

1000年来最暖的世纪,全球平均温度升高了0.4~0.8℃;20世纪90年代是最近100年来最暖的10年。另外,根据卫星观测,20世纪60年代以来,北半球冰雪覆盖面积减少了10%,夏季北极冰的厚度减少了40%;海平面平均上升了10~20厘米。

所谓的全球增暖,并不是指全球到处都一样的增暖,0.4~0.8℃的温度升高只是一个平均值。图10是近100年来全球温度变化的趋势图,从图中明显可以看到气温增暖最为迅速的是北半球高纬度的一些地区,北半球低纬度和南半球则没有那么明显。此外,在全球总的增暖形势下,有的地区并没有增暖,比如图中那些蓝色的地方。

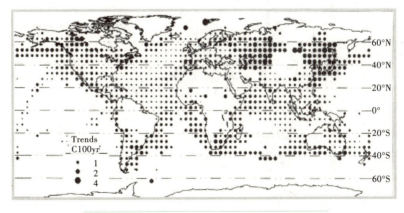

▲ 图10 近100年来全球温度变化趋势图

图11是近100年来全球降水量变化趋势图。平均而言,全球大部分地区降水量是增加的,但在低纬度地区,特别是热带地区和北非地区,降水量则是明显减少的。

所以,**第二个结论是,越来越多的观测证据说明,近百年来全球气候明显变暖,但有明显的区域性。**

同时,渐变和突变是气候变化的两种基本形式。地球过去50万年气候的运行方式是小增幅的振荡和它们之间的突变的结合,是稳定态和非稳定态之间的跃变。图12表现的是中国近100年来气候变化情况图,虚线是北半球陆地温度,实线是中国东部大范围地区的干旱指数。从图中可以看出在20世纪20年代全球温度跳跃式

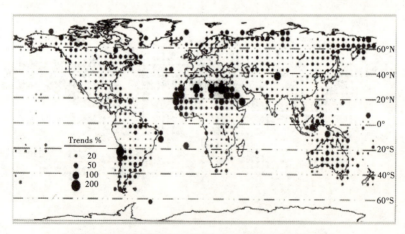

▲图11 近100年来全球降水量变化趋势图

增暖的情况下,我国从一个相对湿润的时期以突变的方式进入到一个相对干旱的时期。

2. 人类活动对地球气候的影响

人类活动对地球气候的影响问题可以说是最近几十年来最具有挑战性的科学问题。目前人们对以下这些问题都是有争议的:

(1) 人类是否正在改变地球的气候?

(2) 人类的影响相对于气候的自然变化来说有多大?

(3) 人类对未来气候的影响在多大程度上可以预测?

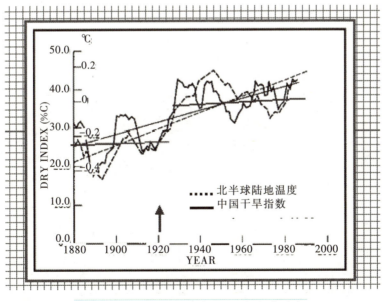

▲ 图12　全球增暖和中国干旱化曲线图

（4）人类应该如何应对地球气候的重大变化？对于这些问题，人们还要作出很多的努力来统一认识。现在初步得到的基本结论是，通过一系列科学分析方法检测到人类活动，主要是人为排放的温室气体含量增加对地球气候变暖的影响。

图13是重建的大气中二氧化碳浓度的变化。图13左上方是直接观测到的1957年以来的大气中二氧化碳浓度情况。

现在，科学家们主要通过数学模型来鉴别人类活动对气候影响的作用。图14是科学家所模拟的过去100年地球温度曲线图。左图中红线表示观测到的平均温度，黑线是考虑了自然因素的变化，主要是太阳辐射的

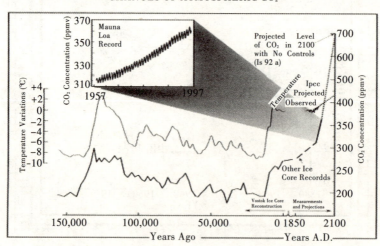

▲图13　气候学家重建的大气中CO_2浓度的变化曲线图

地球气候变化及其预测

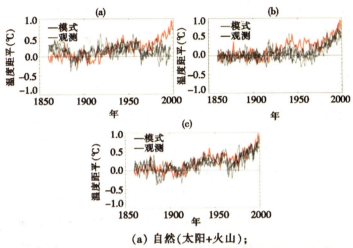

(a) 自然(太阳+火山);
(b) 人为(温室气体+O_3+硫酸盐气溶胶的直接和间接效应);(c) 自然+人为

▲图14 气候学家所模拟的过去100年地球温度变化图

变化和火山活动的变化来模拟过去100年的温度变化情况。我们可以看到这幅图在某些地方模拟的结果和观测的结果比较接近,两者最大的差别主要是后段曲线模拟的结果明显低于观测的结果。中间这幅图只考虑人为的影响,主要是二氧化碳、甲烷等温室气体以及臭氧浓度的变化,另外还有硫酸盐气溶胶的作用。硫酸盐气溶胶主要是煤燃烧所放出的二氧化硫气体所转化成的一种颗粒,它具有与温室气体反方向的效应,叫做"阳伞效应"。这些温室气体加上臭氧含量,以及硫酸盐气溶胶的作用,一方面直接影响对太阳辐射的吸收,另一方面影响云的形成,其机理比较复杂。这幅图的缺陷是它的模拟只考虑了人类活动对气候的影响,它后面这段曲线虽然有明显改进,但有些地方还有偏差。右图把自然的因素和人为的影响结合起来,其中人为的影响是指温室气体的温室效应和阳伞效应。我们可以看到,右图模拟的因素和观测的结果比较接近。这说明我们过去100年所观测到的地球气候可能是人为的影响,主要是大气成分变化的影响,以及自然因素共同作用的结果。

所以,关于气候变化的**第三个结论是,近百年来的全球气候变化是自然因素和人类活动共同作用的结果**。

3. 对未来几十年气候变化的两种预测

科学家们对未来几十年气候变化的趋势有两种基本的预测:一种是全球气候继续渐进式增暖,一种是全球气候可能会发生突变。前者是主流意见,而电影《后天》主要是根据后一个预测编制出来的。现在我们就来看一看怎样认识这两种主要意见。

一种意见认为,全球气候继续增暖,这是当今国际社会的主流意见。目前对全球气候增暖的预测,有很多不确定的问题。比如关于增暖的幅度,到2100年是多大,就不能确定。但是不管幅度是多大,这种意见认为全球气候的整个趋势是增暖的,可能是5℃,也可能是不到2℃。这个主流意见的主要结论是:

地球气候变化及其预测

（1）到2100年，全球平均气温升高1.4~5.8℃，其中陆地表面温度升高幅度大于海洋，北半球高纬度地区冬季增暖趋势最为明显，两极冰盖范围变小，海平面上升9~88厘米；

（2）全球平均降雨量增加，湿度变大。具体地讲，北半球高纬度地区降水增加，副热带地区略有减少，热带雨量增多，降雨强度有可能增加。

至于气候的变率是否增大，极端事件发生频率是否增大，ENSO或NAO的频率和强度是否改变？目前还没有定论。

第二种意见认为，全球增暖到一定程度，气温会突然降下来。这种情况的主要特征是：21世纪的前10年（2010年前）全球加速增暖，年平均温度升高约0.5~2.0℃，2010—2020年北半球气候会发生突变。其中降温幅度最大的地方，如亚洲、北美、欧洲，年平均温度降低约3℃左右；欧洲和北美东部年降水量减少30%，持续干旱；西欧和北太平洋冬季的风暴将会增加。

由此产生的问题是：

（1）上述哪一种情景出现的可能性会更大一点？

（2）未来几十年内全球和中国的气候发生重大突变的可能性有多大？如果出现像电影《后天》里描述的那种情况的话，我们该怎么办？

我们现在来分析一下这两种情景的合理性。

情景一：该情景的基本假定之一是，在21世纪，人类活动的影响（主要是能源的消耗）将继续改变大气的成分，由此产生的辐射强迫的变化是21世纪气候变化的主要原因；基本假定之二是，现在的气候模式具有模拟过去气候变化的能力，因而它们对未来气候预测的模拟有一定的可能性。

　　这个基本假定是否可靠呢？如上文所述，在21世纪，人类活动的影响将继续改变大气的成分，由此产生的辐射强迫的变化是21世纪气候变化的主要原因，这一条我们也许可以接受。但是要知道，我们现在所采用的所有形式的情景模拟并没有包括太阳活动和火山爆发等自然因素变化情景的强迫。另外，还要考虑到它对未来各种气体排放情景估计的不确定性。

　　所以说，气候模式是情景预测不确定性的一个主要来源。至今，我们还没有一个真正意义上的气候系统模式，没有完全包括气候系统各部分的相互作用和物理—化学—生物过程的相互作用。另外，我们对一些关键过程还没有认识清楚。比如，云、海冰、植被等。图15表明了我们对各个气候变化过程的认识程度，其中包括各种主要的温室气体及各种植被覆盖状况等。除了温室效应外，我们对后面这些过程的认识的可信程度基本上都是非常低的。

　　情景二：该情景的基本假定之一是，地球系统的动

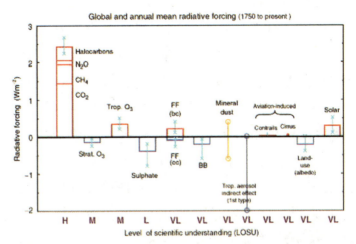

Global and annual mean radiative forcings (Wm⁻²) according to different climate parameters from pre-industrial (1750) to present (2000) and their associated level of scientific understanding (H, high; M, medium; L, low; VL, very low). Taken from IPCC.

▲ 图15　我们对主要气候变化过程的认识水平

力学特征多平衡态，它们之间的转换具有临界阈值和突变的方式。在21世纪，全球气候变暖将达到一个阈值，从而使气候发生突变。第二个基本假定是，通过历史的相似性，来寻找气候突变可能产生的机制。这种机制是，气温增暖使北大西洋环流（THC）迅速减弱，直至全球海洋输送带最终突然崩溃，北半球出现迅速降温现象。

图16是全球海洋输送带图。这个输送带是否存在？相当一部分海洋学家认为它是存在的，但是也有人认为它不一定存在。我们现在假定这个海洋输送带是

存在的,因为目前虽然没有足够的证据证明这个输送带的存在,但是有部分观测数据可以证实存在这样一个输送带。图中存在有两种输送带:一种是冷而盐度高的底层水,它在海洋的下部;另一种是暖而盐度低的表层水,它在海洋的表层。这些暖的表层水主要在热带附近上升,然后在两极附近下沉。通过这样一个输送带保持了地球高低纬度之间的能量平衡。这个输送带被认为是维持地球气候的动力机制,同时又是造成气候变化的一个主要原因。这个输送带的核心,主流意见认为在北大西洋。这个输送带可能存在两种基本的状态:一种是很发达的输送带,另一种是输送带局限在比较低的纬度上。现在大家普遍认为,由于全球增暖,大量的热量向

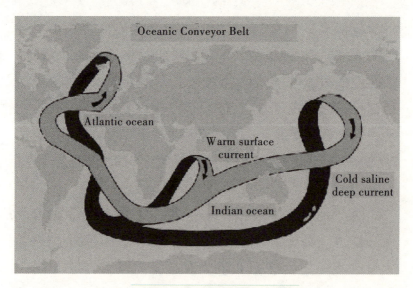

▲ 图16　全球海洋输送带图

北大西洋高纬度地区输送,使得那里的冰雪融化,淡水进入海洋里面,又使得海的盐度逐渐降低,这样就形成不了它的底层水,最后就把这个输送带切断了,结果就会使北大西洋高纬度地区突然变冷。其中一个证据就是历史上曾经出现过的一些事件,最典型的一次事件叫做"新仙女木"事件,这是一个地质学名词,是用一种植物的名字来命名的。所谓"新仙女木"事件就是一次气候突变事件。上述情景假设就是推断我们将来也会出现类似这样的事件,造成迅速降温;第二个证据是北大西洋的盐度已经开始下降,即表示北大西洋环流在减弱;第三个证据是数学模拟表明在温室气体含量增加的情况下,北大西洋环流(THC)(热盐环流)减弱。

那么这个情景预测的不确定性在哪里呢?一是什么是气候系统状态突变的阈值?2010年的全球增温强度会超过所谓的阈值吗?二是北大西洋THC(热盐环流)的减弱是不是不可逆的?它有没有可能中止并恢复到正常状态?而且有的模式模拟THC(热盐环流)没有明显减弱的趋势。最主要的一条是,至今还没有一个模式能够模拟出21世纪THC和海洋输送带会完全崩溃的情况。

通过刚才的分析我们有几个需要回答的科学问题:
(1)气候突变是不是可以预测?
(2)人类活动是否可以拨动气候系统阈值的开关?

（3）未来的气候变化是否可以从过去的历史找到相似型？

于是我们得出的**第四个结论是，关于未来气候变化的预测是一个十分复杂的科学问题，迄今为止仍存在很大的不确定性。**

如何认识这种不确定性？现在经常会出现这样的矛盾，比如政府要求气象部门或者科学家预测明年或者今后5年、10年的气候，但具体从事这项工作的人则感到十分困难。因为还有那么多没有弄清楚的问题。但是现在常常出现两种极端：一种是把不确定的情景作为确定的预测，另一种是把不确定性等同于毫无实际价值的猜测。我们应该怎样对待我们的预测结果呢？首先，我们要知道任何预测都包含着不确定性；其次，不确定性是相对的；最后，最好的办法是与不确定性共存，把预测仅仅作为一种参考，同时要不断地减少已知的不确定性，不断地发现新的不确定性。

4. 气候研究领域的发展前景

由于存在着很多不确定性，我们已有的知识和工具离公众认为可信赖的气候变化预测还是有很大距离的。在这方面，目前国际发展的趋势主要有三个方面：（1）建立地球气候变化预测的新理论和新方法。（2）发展地球系统模式。（3）建立地球观测和信息系统。

(1) 建立地球气候变化预测的新理论和新方法

气候问题和我们通常所说的天气问题不一样,但是我们经常在很多场合下把它们混为一谈了。比如说"今天气候不错",实际上,这种说法是不对的。天气是讲现在的大气状况、现在的大气的基本行为,是对诸如温度多少、有没有雨这样一些基本现象的描述;而气候则是指在相当长时间内对大气状况的统计行为,比如说"北京的气候比上海干燥",这是指北京的降水量、湿度比上海低,但具体讲某一天的天气则不一定如此。所以气候是一个总体,是一段时期内天气状况的描述,它既包括一个平均的状况,也包括一个变化的幅度。比如,像中国这样的中纬度地区,气候变化的变率非常之大,但是热带地区的气候基本上变化不大。所以对天气来讲,它主要决定于大气本身的动力学过程,而气候因为是相当长时间的一种大气状态,所以我们现在认为气候是指一个气候系统的行为。什么是气候系统呢?就是由大气圈、水圈、陆圈、冰冻圈和生物圈组成的地球物理系统。我们可以看一下图17,它是一幅地球气候系统示意图。上面是地球的能量来源,也就是太阳辐射。太阳辐射进来以后,通过云和大气本身的吸收、反射、散射等,加热地球表面;地球表面有海洋,海洋被加热以后,通过海洋与大气之间的能量输送,把热量输送给大气;这里面还有海冰,海冰与海水和空气发生关系。在陆地上,一部

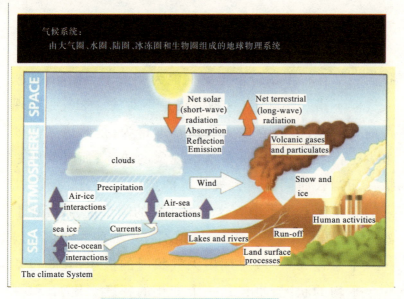

▲ 图17　地球气候系统示意图

分是陆地表面与大气之间进行能量和物质的输送,还有部分是植被和大气之间进行能量和物质的输送,再加上河流系统和陆地上的人为影响、火山爆发,等等。这些都是复杂气候系统里的一小部分。所以气候不仅仅是大气的行为,更是大气和地球系统的其他组成部分相互作用的总体结果。

　　我们在进行气候研究的过程中,并不是用通常的天气研究的方法。为了揭示气候变化的规律,改进对气候变化的预测方法,我们不仅要认识气候系统各组成部分的相互作用的物理过程,而且要研究物理、化学和生物过程的相互关系作用。气候研究的复杂性就在这里。

再有,现在我们对地球系统或者说气候系统的认识又有了新的飞跃,提出了所谓的"人类圈"或者"人类纪"概念。过去,人类是被作为地球上生物圈的一部分来考虑的,但是现在越来越多的意见认为应该把生物圈和人类圈区分开来。因为当今人类社会的发展,已经使得人类在整个地球系统中的作用远远超过了过去的任何时期,人类在整个地球系统中的作用变得越来越重要。另外一种意见认为,我们已经进入了一个新的"纪",叫做"人类纪"。关于"人类纪"的最新的思想就是诺贝尔化学奖得主保罗·克鲁臣(P. Crutzen)教授在他所发表的一篇文章中所说,随着人类社会的发展,人类已经成为地球系统的核心,所以说我们已经进入了一个与过去不同的地质年代,这个地质年代不是从现在开始的,实际上早就开始了。"人类纪"和"人类圈"概念的提出,将进一步强化人类在地球环境变化,包括气候变化中的作用。

(2) 发展地球系统模式

为了研究地球的气候问题,现在科学家们正在发展地球系统模式,要把地球放进实验室中进行研究。我们知道,地球科学和其他科学不一样,生物学、物理学、化学都有自己的实验室,可以在实验室里面进行各种各样的实验,进行简化、控制各种条件,从而进行各种模拟实验。而地球如此之大,我们无法把它放到我们通常意义上的实验室中,所以要发展地球系统模式。这实际上是

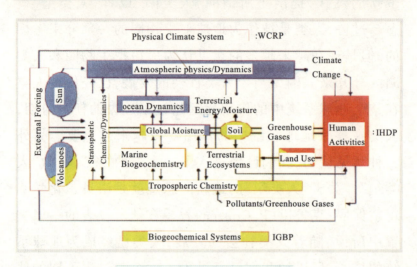

▲ 图18 地球系统模式框架图

一个虚拟的实验室,是一个数字实验室,主要是大量的观测数据及描写地球各个系统过程的数学方程,通过控制这些数学方程的边界条件,来进行各种各样的、不同条件下的数字实验,来模拟地球气候的行为。图18是目前认为最简化的地球系统模式的框架。红色部分反映的是人类对气候的影响,包括人类造成的土地使用方式的变化、工业化带来的各种温室气体及污染物的排放;蓝色部分叫做地球的物理气候,包括大气的物理过程和动力学过程、海洋的动力学过程等;黄色部分反映的是各种化学过程,包括大气对流层的化学过程、海洋的生物地球化学过程、陆地生态系统的生物地球化学过程、土壤的化学过程,等等。实际上,我们所要研究的系统就是这样一个由双向箭头所联系的复杂的地球系统。通过这样的地球系统模式,我们就可以实现对整个地球系统的模拟,在设定的不同条件下,驱动这个模型对未来气候环境变化进行预测。显然,要运行这样一个模式,需要速度很快并且容量很大的计算机,称作"地球模拟器"。现在世界上有若干个国家已经建立了数字模拟器中心,正在逐步实现对地球系统的模拟。

  这样一个地球系统模型经历了一个非常复杂的、长期的发展过程。真正的气候模拟工作始于20世纪70年代,当时只有大气状态,其他所有的条件——海洋也好,陆地也好,都是作为它的边界条件来处理的。到了20世纪80年代,科学家们才开始考虑陆地表面和大气的作用。到了20世纪90年代又加入了海洋的影响,这部分工作是气候模型研究中最有突破性的进展,从此实现了海洋和大气之间的双向相互作用,从而大大改进了对气候过程的模拟。随着人类活动的增加,这里面加的条件越来越多了。比如,温室气体、气溶胶乃至整个地球系统中碳的循环过程和植被的变化过程,等等。

  关于地球气候模式的问题,有大量的工作需要我们来做,虽然我们在这方面已经取得了一定进展,但是直接操作如此大型、复杂的地球系统模式却遇到了很多困难,现在很多科学家正在探索中等复杂程度的地球系统模型。

(3) 建立地球观测和信息系统

建立地球观测和信息系统,获取长期的连续的地球系统观测数据是研究地球气候的一个非常重要的工作。首先是建立在空间遥感基础上的地球观测系统,这就是目前在宇宙空间中运行的主要的卫星系统,其中也包括中国的一系列卫星系统。除了空间的卫星之外,我们目前采用的观测工具还有航天飞机、火箭等,用它们来观测整个地球行为。另外,我们还要依靠一批地面观测站,包括气象、水文、生态、海洋和地球物理的观测站,从而建立起目前全球的三大观测系统:全球气候观测系统、全球海洋观测系统和全球陆地观测系统。这三大观测系统和对地观测系统、地面观测网结合在一起,就构成了全球的地球观测网。这是集成的全球集成观测系统,其目的是在现有的卫星和地面观测系统下建立起直接为用户所需要的各类子系统,包括海洋的、碳循环的、水循环的、大气化学问题等一系列观测系统。

另一个主要动向是全球地球观测系统(GEOSS)的建立。这是最近美国、日本、欧盟,包括中国在内的政府间的联合行为,计划用10年的时间把地球观测系统建成一个整体,并且要建立一套直接为用户服务的数据系统,从而使世界各国科学家及政府的使用部门可以通过这个系统获取世界上任何一个地方的地球系统信息。这一系统的建立将明显改进我们对未来地球气候的了解,以及满足建立全球气候系统过程中所需大量观测数据的需求,这将会大大推动整个地球系统科学,包括地球气候变化的研究。

答 疑

问1: 针对文中提出的两个问题,一个问题是现在人类对气候的影响,另一个问题是未来气候的走向。符院士对这些问题的看法是怎样的?

答1: 对于人类对气候的影响,我个人的观点应该是肯定的。现在越来越多的证据证明人类确实影响了气候。刚才说道,温室效应是一个方面。我本人在过去几年跟几个学生一起做了一系列关于大范围改变地表植被覆盖对气候的可能影响方面的课题。这些研究成果也在国内外一些杂志上发表了,并且在一个国际大会上做过特邀报告,也得到了国际社会的认可。研究结果说明,人类大范围地破坏植被,可以明显改变地表和大气之间的物质能量和水分的交换,从而影响地面的气候,甚至影响大气环流。我们现在正在做的另外一项工作就是关于人类活动和亚洲季风系统的相互关系的研究,这个研究项目也取得了比较大的进展。人类活动影响气候是不容怀疑的。但是现在的问题是,相对于自然变化而言,我们能不能定量地分析人类对地球气候的影响到底有多大。这是需要我们分析研究的。就定量的分析而言,我们还不能准确地下一个定论,但是从定性的方面来说,至少国际上大部分的科学家是赞成这种观点的,我本人也是赞成的。

第二是关于气候预测,我觉得气候预测确实是一个非常困难的问题。不管是今年预报明年是旱还是涝这种预测,还是更长时间的未来几十年的预测;不管是在国际上也好,还是在中国也好,大家都在探索预测的可能途径。我觉得有一点需要说明的是,我们在对待气候预测的时候不能像对待天气预报那样来对待它,气候预测无论是在它的时间和空间上,还是在它的准确程度上,都和天气预报是不一样的。但是从目前来看,我仍然认为,气候预测仍然是处于试验阶段。尽管我们国家的有关部门已经发布了有关气候方面的预测,对待这类预测,我个人认为还是要非常小心的。尤其是在评价预测结果的时候,不要说今天我预报对了,你看我预报得多好。你今天预报对了,明天说不定就预报错了。所以,不要因为今天报对了就说自己预报得很好。因为我们对气候过程的了解确实还很少。但是我们相信,也许在21世纪的什么时候,我们对气候预测的准确性会达到一个比较高的程度。希望在座的对这个问题感兴趣的同学,将来你们能攻克这个难题。

问2:我们都知道,我们不光能够认识气候,还能够利用气候,比如说每年都有来自印度洋上的暖流给印度、孟加拉等地带来很多降水,但是与印度、孟加拉等地隔着青藏高原的新疆地区就十分干旱。有的人就在想,能不能在青藏高原那里打开一个大口子,利用印度洋暖流的水汽来解决北方的干旱问题?

答2:这个问题很有意思,科学界也有这样的想法。几年前,钱学森先生就提出过,我们是不是可以在青藏高原那里打个口子,把印度洋的水汽引到我们西北地区,改造西北的气候呢。当时我记得地学部还很认真地组织了几次讨论会,看看有没有可能这样做。我们当初根据学部的意见也做了一些相关的数值实验。我们做的初步的实验结果还不是非常令人鼓舞。但是现在好像有一部分科学家,甚至一部分政府部门的人员建议我们是不是可以探索这条路子。我个人认为,假如说我们能够把印度洋的水汽引到我们西北地区来,当然是一件好事。但问题是,对这样做的后果,我们要认真评估。因为往往有的事情达到了这方面的要求之后,会带来了其他方面的负面影响,远远超过你现在所能想象的后果。第二个问题就是可行性的问题,打开一个口子需要多大的投入,这可能就要牵扯到更多的问题了。所以我个人认为,这作为一个考虑问题的思路,不妨想想,但是具体要实施的话,就有很多问题需要进一步研究了。我们学部当时的意见也是觉得这个思路很好,很活跃,我们需要更多的思路。但是具体实施起来则有相当的难度,而且还有一系列问题需要认真研究,特别是数字模拟的工具是一个很好的办法。我们最近也在做一些类似的工作。比如说我们北方的干旱化程度很厉害,特别是内蒙古的半干旱区,因为大量地开垦土地放牧,把原来的草原都开垦掉了,地表气候变得非常干燥,储水能力非常差。我们在这个地区设计了一系列的数值实验,就是研究怎么把这里的植被恢复到原来的状况。比如说恢复20%,恢复50%,甚至恢复100%,看它可能产生什么样的效果。这些实验对我们还是很有帮助的。因为通过这些实验,我们知道了如果我们将来要改造这个地区的气候和环境,应该怎么进行。当然从实际的可行性来讲,我们不可能把它的植被全部恢复过来。而只能是在一定的可行性范围里实施。那么在多大的程度上来实施呢,包括我们国家提出的退耕还林、还草,我们要在多大程度上来做这个事情才能得到生态效应、社会效应以及经济效应的协调发展。如果单方面地让大家都来种树,实际效果不一定好。相对于你刚才所说的把青藏高原打开一个大口子的想法,我说这么一个例子目的是想说明,地球系统很复杂,它牵扯到各个方面,做一项大的工程是不是会产生其他方面的副作用,我们还不

地球气候变化及其预测

清楚，必须同时考虑。另外还要考虑投入、投入产出比等问题。

问3：气候问题是一个非常复杂的系统的问题。比如说数值模型的建立，就包括物理的动力学的特征，甚至生物化学及辩证法等等的不确定性。符院士认为对未来打算从事科学研究的学生来说，他们现阶段的哪些素质是比较重要的，是应该提高的，或者具体来讲，他们学习相关的学科，您有哪些比较具体的建议？

答3：我个人认为，如果我们同学愿意从事科学研究的话，最主要的恐怕就是要有一个不怕困难的精神。有一位科学家曾说过，做科学研究必须付出自己全部的精力，甚至包括生命。要想从事科学研究，必须有这样的思想准备，要能吃苦。第二就是要有坚实的知识基础。我今天要讲哪些具体的知识基础恐怕很困难，但是坚实的知识基础要求我们要有比较宽的知识面，因为现在的科学是建立在一个非常广泛的基础之上的，这跟过去可以在一个很窄的知识领域里作出重大的贡献，是不一样的。现在的科学领域越来越要求广泛的知识基础。当然对我们在座的学生来讲，现阶段最主要的知识基础就是数学和物理。数学作为一个工具，从事任何科学研究都是不可缺少的。其次，我觉得语文基础也是非常重要的。现在我们经常遇到学生写博士或者硕士论文，写得很不像样，我们经常要改好多遍。我觉得他们的语文基础不太好。准确地表达自己的思想,简明扼要地表达自己思想的能力非常重要。再具体的我也很难说出哪个学科的范围的知识基础更重要,但是我觉得你们的知识基础要打好。

问4:北大物理学院以前有一个系叫地球物理系,现在改成空间物理学院了。请把北京大学物理学院老师们所研究的东西,或者把中科院和北京大学物理学院合作研究的东西给大家介绍一下。

答4:北京大学原来有个地球物理系,地球物理系最早是归于物理系的,后来分出来了。地球物理系里有大气、天文等研究室(所),北大和中科院接触比较多的就是在大气研究方面。现在他们是归于物理学院的。北大的大气研究主要分两块,一个是大气动力学,还有一个是大气物理学,就是研究云、降水、大气遥感、大气的边界层,等等。他们和我们有很多联系,我们的一些研究项目,他们都会参加的。我刚刚结束了一个"973"的科技部的国家重点项目,他们几位教授也参加了。现在北京大学物理学院有一个比较年轻的副院长,也是搞大气动力学的。

21世纪的全球变化科学

安芷生

一、全球变化科学的发展历史
二、当前全球变化科学的状况
三、我国全球变化科学研究的几点建议

【作者简介】安芷生,第四纪地质学家。原籍安徽六安,生于湖南芷江。1962年毕业于南京大学。1966年中国科学院地质研究所、地球化学研究所研究生毕业。中国科学院西安分院院长,陕西省科学院院长。曾任黄土与第四纪地质国家重点实验室主任、地球环境研究所所长。为确立中国黄土—古土壤序列及其与深海沉积序列的对比,以及黄土堆积演化与环境变化关系的研究作出了重要贡献。

安芷生研究员首先引入了第四纪磁性地层学,最早指出我国240万年前发生的重大地质气候事件,测定了蓝田猿人和澳大利亚沙漠化年代;重建了晚新生代不同时间尺度东亚季风变迁的代用序列,对控制我国中东部环境的古季风首次提出了较为系统的理论,指出了东亚季风气候的不稳定性等特征。他是《黄土与环境》一书主要执笔者之一,曾在 Nature 和 Science 等杂志上发表多篇文章,1991年当选为中国科学院院士。

21世纪的全球变化科学

本文主要想向大家介绍一下目前关于全球环境变化科学的一些状况。

下面谈三个问题。第一个问题就是全球变化科学发展的历史;第二个问题就是当前全球变化科学的状况;第三个问题就是我国全球变化科学研究的几点建议。实际上说"全球变化",主要是指"全球环境变化",而不是指"全球构造变化"。

一、全球变化科学的发展历史

第一个问题,介绍一下关于全球变化科学的来龙去脉。Global Change Science是20世纪后期的一个新兴的科学理念,它的科学目标是描述和理解人类赖以生存的地球系统运转的机制、变化规律及人类活动对地球环境的影响,从而提高未来环境变化预测能力,为全球发展问题和可持续发展决策提供科学依据。

在20世纪80年代中期以后的20多年里,数以千计的科学家投入组建了以全球生态、环境问题为研究对象的四大国际科学研究计划。第一个计划,也是比较核心的计划就是国际地圈——生物圈计划(International Geosphere-Biosphere Programme, IGBP)。其他三个计划是原来就存在的世界气候研究计划(World Climate Research Programme, WCRP)、最近几年兴起的引入人类

尺度的国际全球变化人文学研究计划(International Human Dimensions Programme on Global Environmental Change, IHDP)，以及生物多样性计划(International Biodiversity Research Programme, DIVERSITAS)。这四大计划实施了一系列的核心研究计划,取得了很重要的进展,使今天人类对作为整体的地球生态环境变化比过去有了更加深刻的了解。全球环境变化研究的推动力主要是人类生态环境的不断恶化,人类对环境的日益关注,全球CO_2浓度和稀有气体增加导致的全球增温效应等,这是从社会上来讲的;从另外一个方面讲,地球科学从20世纪五六十年代开始发展,人们认识到全球环境变化的一致性,这也是全球环境变化一个重要的科学推动力;高技术的分析测试手段的发展和地球系统观测,也是一个重要的条件。

从第二次世界大战以后,西方国家为了军事目的,在北大西洋进行深海钻探。到1948年,取得了海洋沉积物中的浮游有孔虫,并测定了它的氧同位素组成,它能够反映全球冰量的大小。人们通过深海钻探岩芯的研究,对全球环境变化的认识得到了很大的提高。从1956、1957年开始,美国有个著名的同位素地质学家,叫Emiliani,他在加勒比海利用一个深海岩心,大致获得了最近七八十万年以来海水温度变化的资料,第一次从温度变化的角度提出了全球环境变化的一致性。到了20

世纪60年代,有一个著名的海洋地质学家叫Shackleton,还有古地磁学家Opdyke,一个搞古温度重建,一个搞古地磁年代,就围绕深海岩芯建立了一个标准的260万年以来的反映全球冰量变化的曲线。

图1是20世纪70年代的一个全球冰量变化曲线,是全球海水氧同位素组成变化的曲线,它主要反映了全球冰量的变化。这是从1.7到6.2个百万年,它把这一时段全球冰量变化记录下来,这条曲线显示出明显的万年至10万年的变化周期,使我们认识到全球环境变化的多旋回性、一致性和全球性的特点。另一方面,由于技术的进步促使人类不断在深海探索。比如,深海打的钻大概已有几千个了,而且在冰芯和冰川上打了很多钻,这样能够发现更短周期气候变化的事件,并且能够获得过去二氧化碳和甲烷气体浓度随着时间变化的序列。

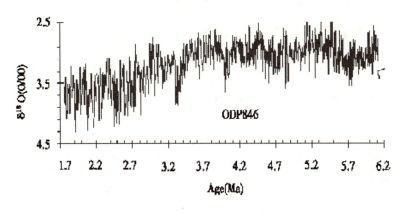

▲ 图1　20世纪70年代的一个全球冰量变化曲线

图2是著名的Vostok冰芯,这个冰芯是苏联专家打的冰芯。很可惜,他们打了一个非常好的冰芯,但这个冰芯是由法国人来实施研究的。这个冰芯有这么几条非常著名的曲线,包括最近40万年的二氧化碳浓度变化、冰量变化和甲烷变化曲线。图中二氧化碳的浓度变化的多旋回性非常清楚,同时表明在最近1万年以来,特别是最近几万年以来,二氧化碳浓度有过快速度的上升,而这种上升是过去的自然现象和自然旋回所不能解释的。在过去5万年至1万年,一些气候突变事件在南北半球都有表现,但也存在一些区别。冰芯记录所揭示的一个非常典型的突变事件,叫做新仙女木事件,就是说,我们过去从比较寒冷期向温暖期转换的时候,怎么

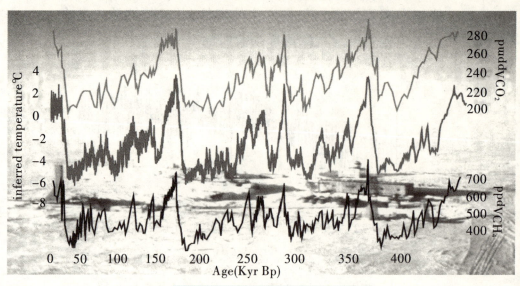

▲ 图2 苏联专家打的Vostok冰芯

在20年的时间里,地球的温度会下降5~7℃?发生寒冷气候的回返现象,就说明这种变化非常突然。

总之,二氧化碳浓度的变化及其引发的全球环境变化的研究,从科学的意义上讲,也是全球环境变化科学研究的一个推进器。

当然,区域气候变化总是和全球联系在一起的,在对区域气候认识的基础上,全球环境系统变化的研究计划也很多。如IGBP中的过去全球变化(Past Global Changes, PAGES)计划,还有其他一系列的计划。比如说南北半球古气候对比的研究计划PANASH (Paleoclimate and Environments of the Northern and Southern Hemisphere),就是通过从北美到南美,从北极到中国的东部,一直穿过南海,再到澳大利亚,以及极地,等等。这都是一些重要的计划,为全球环境变化科学的诞生和发展提供了很好的条件。当然,我们中国也进行了一些研究,比如,关于石笋、珊瑚和黄土的研究。这样,我们可以得到5年到10年,甚至千年尺度的分辨率,为全球气候或者东亚地区的气候和环境变化提供一些依据。

深海岩芯的研究让人们认识到地球轨道周期,也就是万年至10万年尺度的气候和环境变化。树轮、珊瑚、石笋、冰芯和湖泊纹泥的研究就让我们认识更短时间尺度,也就是千年、百年、十年以至年际尺度的气候和环境变化特征。最近有科学家利用一些树轮宽度系列,在

Nature 上发表了一些文章,建立了千年来北半球平均温度变化的状况。还有一个关于最近4.5万年二氧化碳浓度变化的曲线,这个曲线主要来自冰芯中气泡的 CO_2 测定。它们都表明,自从工业革命以后,温度的上升超过了自然界所应有的这样一种特征或者规律,形成急剧地上升局面。

高分辨率的树轮、冰芯、洞穴、湖泊以及历史文献和观察记录大大提高了人们对于最近几千年来气候环境变化的理解。各种记录一致表明,20世纪二氧化碳浓度和北半球温度升高、全球变暖已经成为事实,而且人类活动的影响是无法否认的,虽然也存在争论。

6个全球植被动态模式一致表明,随着大气二氧化碳浓度的提高,陆地生态系统在2050年以前一直是一个碳汇。就是说,植被的覆盖还可以吸收二氧化碳。到2050年以后,在植被的碳汇达到饱和后的地球表面,全球二氧化碳的浓度将会急剧地上升。当然,这是模拟预测的结果。关于物种的绝灭、人口的增加、固氮的增加,都表现出急剧的变化,而这些都与全球环境变化有关。

在这样的基础上,从20世纪80年代开始,全球变化科学应运而生。一方面,人类社会的需要、全球变暖已经成为一个事实;另一个方面,科学本身的发展,大洋钻探和冰芯钻探使人们认识到全球环境变化有它的一致性和多旋回的特点。因此,在20世纪80年代中期,全球环境变化科学诞生了,人们从全球环境变化科学中认识到地球是一个整体的系统。这为现在我们熟知的地球系统科学的诞生,提供了一个先决条件。

现在我们已经认识到全球变化有这么几个特点:

第一个特点就是认识到生物本身有助于控制地球这个具有生命的系统,而生物过程和物理、化学过程的相互作用创造了地球现今的环境,生物本身对地球环境保持在可持续环境的极限内,扮演了一个非常重要的角色。

第二个特点就是全球变化不仅仅是气候变化,它正在发生而且以加速度的形式发生。人类活动以各种形式对于地球环境产生着深刻的影响,人类活动所引起的变化在某种程度上已经超越了自然的变化。

第三个特点就是人类活动所引起的多方面的、相互作用的影响以复杂的方式叠加在地球环境系统之中。全球变化不能从单一的原因和结果的方式来理解。人类活动的串列式效应与区域的和局部的变化以多维的形式相互作用而影响环境。

第四个特点就是地球动力学过程,它是以关键的阈值和突然变化为特征,人类活动有可能不经意地触发一些对于地球系统产生灾难性结果的变化。

最后一点,也就是地球环境系统正在以过去难以类比的状态运行,现在同时发生在地球环境系统内部的变化,其本身不论是在幅度上,还是在变化的速率上,都是史无前例的。

当然,全球变化最基本的特征就是围绕研究气候的物理动力过程,就是大气是怎么运行的、生物地球化学的过程是怎么进行的,以及两者是怎么相互作用的,人类在上述相互作用过程中扮演了什么样的角色。它的目的还是为了预测未来。

随着全球变化科学的兴起和发展,人们开始把地球作为一个整体系统来研究,在此不加赘述。而高分辨率的观测系统为这样的研究提供了条件,使得地球科学进入了地球科学系统研究的新阶段,并为行星乃至空间环境系统的研究奠定了基础。

二、当前全球变化科学的状况

国际科学理事会(ICSU)下面有一个国际地圈生物圈计划(IGBP),而且IGBP又建议在IGBP及世界气象研究计划(WCRP)、国际全球变化人文学研究计划(IHDP)和生物多样性计划(DIVERSITAS)等四个计划当中建立一个比较软的计划,叫ESSP(Earth System Science Partnership),也就是地球系统科学伙伴计划,这个计划处于试行期,生物多样性的计划也刚刚开始。

地球科学系统伙伴计划,主要的目的是为了进行地球系统的分析与模拟,来研究全球可持续发展的一些联合计划。当然,我们也要同时进行一些区域性的活动,包括能力的培训、网络化以及综合的区域研究,举办一些全球变化的科学大会,等等。

ESSP下面有一些联合计划,其中一个就是关于全球可持续发展的联合计划(Joint Project on Global Sustainability)。它将全球变化的研究与政府的需要和老百姓所关注的问题联系在一起,实际上就是水、食物、碳和人类健康。食物当然包括粮食,像我们中国,现在粮食就是很重要或者迫切需要解决的问题。现在大家都比较重视这些计划,需要解决三个问题:一个是碳的问题,一个是食物的问题,一个是水的问题。在此不再详细说明。

与之相应,IGBP计划下设一系列比较大的计划,其中包括全球水系统的计划(Global Water System Project)、全球碳的计划(Global Carbon Project),以及全球环境变化和食物系统(Global Environmental Change and Food Systems),这些都是另外一种类型的。

关于国际地圈生物圈计划,它的科学委员会是国际科学联合会任命的,然后由科学委员会提名并投票任命下设计划的负责人。IGBP有自己的网站,可以供公众浏览。它也出了一系列科学丛书和通讯,而且将来要出更多的书。为什么呢?主要是为了扩大它的影响,向大学

施展它的教育,向公众扩展其社会效应的能力。

如上文所说,除了人类的活动,除了二氧化碳、化石燃料的排放以及施肥、氮、甲烷这些问题以外,还包含海岸、湿地、物种的绝灭,等等。人口的增加在此不加阐述。总之,大量的证据表明地球是一个系统,很复杂的系统,回答全球环境变化这些科学问题远远超过了单一的国家或者地区的范畴,也超出了某个单纯的学科或者传统的人文社会科学的范畴,需要国际性的多学科的合作研究。IGBP正是在这种情况下由ICSU组建的。第一次会议是在加拿大,当时我们中国的代表是叶笃正教授,他是中国全球变化科学研究的带头人,而且叶先生在国际IGBP上发挥了很重要的作用。IGBP的任务是传递科学知识,促进人类社会和地球环境科学发展,这与我国近来所提的人与自然协调或和谐发展的宗旨是一致的。它的目标是描述并理解地球,调节地球系统中物理、化学和生物相互作用的过程,为生命带来独特的环境,系统内部正在发生的变化,以及系统被人类影响的方式,等等。

IGBP在第一个阶段有6个计划。怎么研究,就是刚才我讲的从生物地球化学和大气物理动力过程的相互作用入手。从2003年开始,它进入了第二个阶段,它将地球看成一个整体系统,主要是由三部分组成,一个是大气,一个是海洋,一个陆地。本来地球环境系统就是由这三个部分组成的,而这三个部分是怎么相互作用的?这个作用的本质,一个是气候物理作用的过程,一个是生物地球化学作用的过程,而很重要的一个方面是有了人类参与,就是有了人类活动的影响。

下面这个图(图3)简单地概括了IGBP研究的陆气、海气和陆海的相互作用。它的核心问题就是怎么把它综合起来,用GAIM这样一个全球分析、集成和模拟的计划(Global Analysis, Integration and Modeling),以及PAGES(就是过去的气候环境变化机制或者规律)进行综合集成研究。

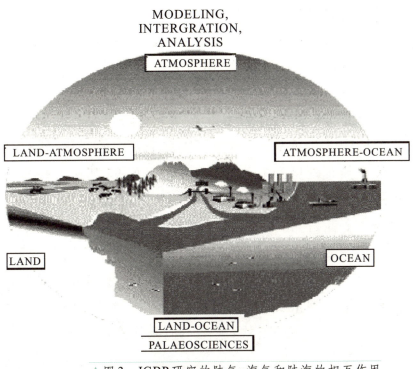

▲图3　IGBP研究的陆气、海气和陆海的相互作用

IGBP项目也非常多,我想简单地把这些项目介绍一下。

因为我们人类的观测纪录大概就是一两百年到两三百年的记录,那么过去自然界是怎么变化的,环境是怎么变化的,就需要我们来进行研究。PAGES主要是为了能够对今天我们观测的数据提供更好的理解,并且为未来环境和气候的变化提供历史的相似性以及机制的理解,它是IGBP计划中的一个重要组成部分。它所关注的问题我就不想多讲了。它有很多组成项目:例如,南北半球的对比计划(PANASH);与气候变化和预测有关的联合计划(CLIVAR\PAGES);国际海洋古环境变迁计划(International Marine Past Global Changes Study, IMAGES);极地计划(Polar Programs),生态系统过程和人类相互作用计划(Ecosystem/Human Interactions, EPHI)。

南北半球对比计划最近有一个大的转变。过去主要是做南北半球对比,现在提法有个很大的变化,就是要研究热带地区和非热带地区,包括北极、极地这些非热带地区,它们中间的气候环境的长距离联系。为什么出现这个计划呢?因为过去做环境变化,动不动就说北大西洋怎么变了,引起了全球的变化。因为外国人、西方人做得多,冰芯做得多,打的钻多,海洋做得多。现在看来热带非常重要,人们把注意力又放到热带上去了,但作为一个平衡的方式,就是不但要注意高纬度问题,还要注意低纬度问题,更要注意高低纬气候相互作用的问题。

CLIVAR(Climate Variability and Predictability)计划如上文所讲了,它主要是对十年、百年尺度气候变化的认识。这个计划不仅属于PAGES计划,它还是IGBP和WCRP共同领导的一个计划。

IMAGES主要是描述几十万年以来的从海洋记录里面判断二氧化碳浓度变化与海洋沉积的问题。因为PAGES当中没有海洋方面的工作,它也想搞一些海洋方面的计划,取得一些理解,它就可以用陆地记录和大洋钻探计划联系了。

极地项目主要就是进行极地古气候和环境变率研究。

生态系统与人类活动的相互作用,其目标就是将过去人—环境相互作用和当前生态系统河流域的研究成果和模型一体化。它包括三个子项目:人类影响陆地系统;土地利用变化及其对河流生态系统的冲击和人类对湖泊生态系统的影响。

IGBP另一个重要的综合项目叫GAIM,GAIM就是全球综合分析和模拟项目,就是把所有计划得到的东西运用数值模拟,加强地球系统耦合的研究。这个工作还是非常重要的,因为这个工作就是讲综合研究,为可持续发展对策和未来气候变化趋势提供包括预测的理解。很多模型,比如海洋碳循环生态系统模型,以及气候的模型、全球净初级生产力的模型,等等,都是地球环境系统模型的组成部分。这样可以对过去地球系统中大气、陆地、海洋、生物的、物理的和地球化学过程进行解释。GAIM的研究活动有很多。这里我就不详细讲了。

关于陆地计划(Land Project),目标是判断人类——环境系统的变化以及局部、区域和全球尺度上该系统的承受限度。在此进行简单介绍,大家回去经常上上网,看看IGBP有哪些计划,你对哪个计划有兴趣,对哪个计划和其中涉及的课题有什么兴趣,你可以想办法和那些计划的领导人取得联系,也许有可能去国外的研究机构学习,有很多机会。

全球变化和陆地生态系统计划(Global Change and Terrestrial Ecosy stem,GCTE);土地利用和土地覆盖的变化(Land Use and Cover Change,LUCC);全球海洋生态系统动力学(Global Ocean Ecosystem Dynamics,GLOBEC);全球海洋通量联合研究(Joint Global Ocean Flux Study,JGOFS);海洋生物地球化学和生态系统的计划(Integrated Marine Biogeo-chemistry and Ecosystem Research,IMBER);海岸带陆—海相互作用(Land-Ocean Interactions in the Coastal Zone,LOICZ);这些计划都是IGBP组织的研究计划,都有它一定的科学目标,每一个计划也都有

Office，而且它们非常欢迎年轻的学生，特别是博士生或者博士后参与他们的活动。这些计划在此就不详细讲了。

IGAC（The International Global Atmospheric Chemistry）研究全球大气化学。现在大气化学日益受到重视，过去认为二氧化碳浓度的变化会引起全球的增温或者降温，二氧化碳浓度升高，全球增暖。但是现在看来，不仅是二氧化碳、甲烷，大气粉尘对全球的增温和冷却也有相当的控制作用，大气粉尘与人类释放物（如SO_2）的相互作用应引起我们足够重视。

表层海洋和底层大气的研究，叫SOLAS（Surface Ocean and Lower Atmosphere Study），是一个新的计划。它主要研究海洋的表面和大气的低层。大气层可以分成很多层，在对流层的下部与海洋表层进行相互作用，这个问题比较直接。

还有陆地生态系统的一些计划ILEAPS（Integrated Land Ecosystem-Atmosphere Processes Study），水循环的生物学计划BAHC（Biospheric Aspects of the Hydrological Cycle），START（System for Analysis, Research and Training）计划。START计划进行分析、研究和培训。这个计划是专门培养区域性研究人才的网络，加强发展中国家全球变化科学研究的能力。这个计划大家可以在网上看到，机会也很多。

三、我国全球变化科学研究的几点建议

最后,简单介绍一下关于我国全球变化科学研究的几点建议。

第一,我国的全球变化科学也同样要遵循国际全球变化科学研究的方向,要加强短时间尺度和现在过程的研究。关于这一点,我觉得我国在过去强调得不够。而且在我们过去的宣传中,过多地强调了我从事的这个行业,就是PAGES研究。全球变化有很多科学,大部分计划是研究近代过程和现代过程的,而这却是我们的不足,应该有重点地进行与人类活动有关的现代过程研究。这是国际上的趋势。我们应该关注它们与水、食物、碳和人类健康乃至可持续发展的关系。

我国的PAGES研究不应该强调几百万年或几千万年,而应强调最近几十万年、几万年乃至千年、百年到十年尺度记录的研究。只有这个导向才可能使我们国家的全球变化科学,包括PAGES,能赶上世界的潮流,否则就会误导。当然,作为地球系统科学,那是另外一个概念,几百万年、几千万年也是重要的方向。

第二,就是要发挥我国自然条件的优势,集中有限的精力和精干力量关注与全球变化科学有关的地球系统科学研究。比如,我国自然环境长期演变过程、发展趋势及其对全球变化的响应和影响,长时间的尺度应该

放到这一类中。

第三，要进一步加强集成与模拟研究，应将模拟、检验、机制、趋势、预测和效应统一考虑，建立我们自己的气候环境与地球系统模式。

第四，将全球作为一个系统来研究和思考问题。我们应该把区域问题放在全球的框架下来考虑，而不应该认为我们就是老大。中国在亚洲，亚洲在全球，仅仅是一个组成部分。地球并不太大，实际上，现在随着空间科学的发展，地球在宇宙中还是很渺小的，获得区域和全球乃至太空环境关系的理解，适应21世纪全球化的需要。

第五，重视人类活动与其他生物地球化学过程对全球变化的影响，开辟新的研究领域。中国是世界人口大国，发展很快，研究人类活动对环境的影响是其他国家所不具备的条件，我们应该珍惜。要重视环境与粮食，环境与食物和人类健康的关系，重视大气化学变化，等等。这些都直接与我国国民经济快速发展有关系，与我们的生存环境有关系。更重要的是，与目前全球变化科学关注的问题有关系。这些问题，在现在看来，我们还没有把它提到应有的高度上。

第六，我们要重视地球观测系统和全球古观测系统的建设，古环境的档案和记录的保护，重视研究生的培养、人力建设和面向公众的社会宣传。

第七,中国在国际全球环境变化的研究中,应体现自己的特点和优势,要争得ESSP的各项计划,既要靠多参与,更要靠重点参与,而不是全面参与。首先取得信誉,然后再扩展研究。

第八,加强预测和效应的评估研究,提出适应对策,强化中国全球变化科学研究与政府决策部门乃至社会公众的联系。

破坏灾害和演化诱致突变

白以龙

一、破坏灾害和工程健康管理
二、演化诱致突变和灾害预测

【作者简介】 白以龙,力学家。1963年毕业于中国科学技术大学。1966年中国科学院力学研究所研究生毕业。中国科学院力学研究所研究员。1991年当选为中国科学院学部委员(今称院士)。

得出了热塑剪切模型方程、不稳定性条件、局部化演化规律和剪切带结构等重要结论,以及剪切带控制延性极限的机理。和同事一起,针对真实材料受载产生大量微损伤的问题,建立了亚微秒和多应力脉冲技术,发展了统计细观损伤力学,提出了损伤局部化准则、演化诱致突变、跨尺度敏感性等概念和模型。20世纪70年代参加爆炸法制造金刚石的工作,研究了应力波的衰减机理,解释了核爆炸波的传播。

破坏灾害和演化诱致突变

　　人类的生活经常会遭遇源于自然界、源于工程或二者耦合而引起的破坏性灾害。例如,突发的强烈地震、飞机和航天器的坠毁、建筑物和桥梁的倒塌,等等。人类要战胜这些灾害,需要做两个方面的事情:一是要使人类建设的工程能正常地工作,二是对于突发的灾害能进行正确地预测。因此,这个主题包括两个部分:一是破坏灾害和工程健康管理,二是演化诱致突变和灾害预测。

一、破坏灾害和工程健康管理

　　2001年11月14日,北京时间17时26分,在新疆、青海交界处的昆仑山中(北纬36.2度,东经90.9度)发生8.1级地震,震中位于新疆若羌县境内,距离若羌县城400千米,距离格尔木市350千米。昆仑山8.1级地震的断裂带从东经90度延伸到94度,在昆仑山口以西形成了400多千米长的地表破裂带(见图1)。这是自然灾害的一个例子。所幸该地震发生在人烟稀少的昆仑山中,并未造成严重的人员和财产损失,但人们不难从中感受到这种自然灾害的威力;如果这种规模的地震发生在人口稠密的发达地区,它所造成的后果将不可估量。

　　破坏灾害还发生在航天事业中。2003年2月1日,美国航天飞机"哥伦比亚"号在执行STS-107次飞行任务返航时,在空中解体坠毁。"哥伦比亚"号事故调查委员会(CAIB)

▲ 图1 2001年11月,昆仑山发生8.1级地震,断裂带绵延数百千米(新华社图片)

在2003年8月26日发表的最终调查报告中说,航天飞机"哥伦比亚"号在起飞82秒后,一块泡沫脱落击中其左翼,使其碳隔热保护层受损。这个损伤使得"哥伦比亚"号在再入大气层时,有超热气体进入翼的结构,最终导致"哥伦比亚"号解体坠毁。还有一次重大的事故发生在1986年1月28日,美国航天飞机"挑战者"号在执行STS-51-L次飞行任务时,起飞后73秒在空中爆炸坠毁。

在航空界,飞机的安全性是全社会关注的又一个焦点。例如,1988年春,在美国夏威夷群岛上空飞行的一架波音737民航班机,在飞行中忽然在顶部出现一些小裂纹,不久后它们迅速相互连接造成机身顶部6米多长的外壳脱落,这一惊险的事故后来被拍成了故事片"九霄惊魂"。所以,最近在欧洲,针对空中客车A380以后

(2020年)的空客系列,提出要将事故的发生量减少约一个量级,对于先进复合材料、钛合金和铝合金,更要特别关注对其损伤的评估和维修。

再举几个破坏灾害的例子。1940年11月7日,当时的世界单跨桥之王——塔科马大桥,被一阵不太强的风飓跨、坍塌,大桥竣工后不到一年竟成了一堆废铁,冯·卡门论证认为其罪魁祸首是"卡门涡街"(见图2)。他指出当时设计者的思想还停留在重量和压力一类"静力"上,对于"卡门涡街"之类动力效应极少考虑。

在宁波也曾发生招宝山大桥断裂事故。1998年9月24日晚,在大桥即将合拢之前,招宝山大桥发生中国建桥史上罕见的主梁断裂事故,16号块接缝面出现破坏性崩裂(见图3)。展望将来,在宁波将建设杭州湾大桥,这座桥投资118亿,36千米长,将成为世界上最长的跨海大桥。为了使工程能健康地为人类服务,我们应该既要从设计理念上吸收新的科学知识,又需要从管理上实现健康管理。那么,为了实现工程的健康管理,需要哪

▲图2　卡门涡街

▲ 图3　招宝山大桥断裂事故

些新的科学技术知识,解决哪些问题呢?

"哥伦比亚"号事故调查委员会认为,目前所采用的检查增强的碳-碳复合材料系统元件的技术,是不能充分认定增强的碳-碳复合材料系统元件的结构整体性、支撑结构以及附属的硬件的,该调查委员会认为应该采用先进的无损检测技术,以减轻航天飞机和航天员的危险。

事实上,采用先进的无损检测技术仅仅是问题的一个方面。要提高工程的安全性和减少突发事故,除了采用先进的无损检测技术以外,还需要从技术和理论等几个方面进行系统性的综合研究才能奏效。其实,近年来,科学家和工程师们已经针对预测和防止机械失效提出了所谓的"预测和健康管理系统"。他们认为,一个工程的安全性是涉及六个层次的系统工程,即材料、元件、器件、子系统、系统和整个工程。虽然预测和防止失效的任务在整个工程的最顶层,但是损伤却是起源于最底

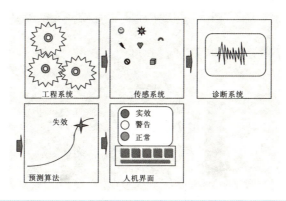

▲ 图4 健康管理的五个层次:工程系统、传感系统、诊断系统、预测算法、人机界面

层,即材料的微损伤。因此,在"预测和健康管理系统"这一系统工程中要考虑五个相互关联的部分,即整个工程和它包含的五个层次:工程系统、传感系统、诊断系统、预测算法、人机界面(见图4)。

一般来说,传感器系统和人机界面涉及较多的技术问题,而预测算法和诊断则涉及更多的科学理论问题。其中,对材料的微损伤(见图5),在经过好多个不同尺度的物质和结构层次上的损伤演化后,最终会导致整体结构的破坏,这是预测算法的核心,也是我们所谓的多尺度科学问题。

对于多尺度的损伤演化问题的难度,科学家们已经有了较深的感触。因为衡量微尺度上非均匀的分布型损伤对宏观刚度和损伤演化的影响,是个极大的挑战。严格处理这些非均匀的分布型损伤所需要的工具,迄今

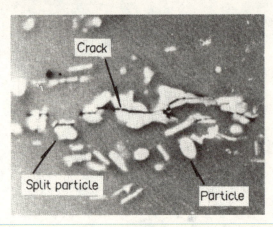

▲ 图5 对材料的微损伤最终会导致整体结构的破坏

在连续损伤力学中尚未全面发展起来。这里所涉及的困难是,固体结构材料包括从原子结构到晶格结构,到晶粒结构,再到宏观材料单元,最后到工程结构等若干个物理行为大不相同的多个尺度和层次,而固体结构的破坏,就恰恰必须跨过这些物质层次,因此破坏现象不可避免地是这些不同层次上的物理规律相互耦合的最终体现。但是,每个层次上的物理规律往往并不相似,它们的特征时间尺度也往往是大不相同的。所以,实现工程的健康管理的核心——预测算法的多尺度问题——挑战性在于:如何恰当处理在不同物质层次上的、具有不同的特征时间和空间尺度的、不同的物理规律的非线性跨尺度耦合。

那么,突破这个瓶颈的策略应该是怎么样的呢?科学家们最近发展起来的一种思路是:第一,在这类现象的数学模型中,力学的宏观方程要与微结构转变的动力学方程形成统一的方程组;第二,它们应该联立求解。所以,这里面的困难是双重性的。一方面,选择恰到好处的微结构转变的表征(不能太多,否则无法处理;又不能太少,否则会影响宏观大局的关键微结构特征),并正确表达微结构转变和宏观行为演化之间的跨尺度耦合关系,从而将其微结构演化方程与宏观力学方程恰当耦合联立起来;另一方面,正确解算出这个跨尺度耦合的联立方程。

目前,针对一些具体的工程问题事例,已有一些从微损伤的成核、发展、连接,到最终导致的材料整体的宏观失效的多尺度的计算方法,但是,在实际中要全面实现健康管理,还有许多科学和技术问题需要去解决。

二、演化诱致突变和灾害预测

虽然上面这类包含了微结构转变动力学的准连续的理论框架,对于总的安全性设计也十分有用,但对于某一具体的突发灾变(例如,某个强烈地震的发生,或某一个具体工程结构的突然崩塌,如1924年9月25日下午雷峰塔的突然倒塌,2004年5月23日清晨法国巴黎戴高乐机场连接两个停机坪的大型走廊的顶棚突然发生坍塌,坍塌的钢筋水泥结构顶棚约五十米宽,三四十米长,重约有50吨),这种准连续的理论却难以给出具体准确的预告。那么,这个问题的特点和难点是什么呢？总的来说,它有三个重要的特点:

1. 演化诱致突变

工程结构或宏观物体的突发灾变的根本性来源,是结构和物体中所包含的微结构的损伤跨尺度的强耦合关联,它在应力重分布的推动下,自发涌现出了自持的、从小到大的损伤级串,以至最终形成宏观整体的破坏。演化诱致突变的一个重要特点是灾变的突发性,而灾变发生前很难捕捉到明显的灾变前兆,这是灾变预测的难点之一。

这个特点可以用图6来说明。在载荷作用下,不均匀的材料和结构中不断产生微裂纹。图6(a)中已有831条。在出现第832条裂纹之前,材料中分布的微裂纹大多是孤立的,很少相互连接,这时,材料保持整体完整。然而,尽

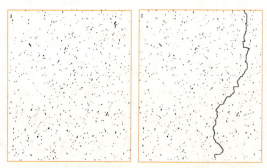

(a) 演化诱致突变之前　(b) 新裂纹激发裂纹连通
▲ 图6　演化诱致突变(EIC)

管微裂纹的分布是随机的,但是在这个具体的微结构情况下,当裂纹数目增加到832条时,这个新产生的微裂纹会激发起持续不断的微裂纹的连通,从而导致整体的破坏,这就是演化诱致突变。特别需要注意的是,在这个案例中,直到濒临灾变之前,系统并未显示明显的灾变前兆,而灾变自身则远快于损伤累积的过程。

实际上,演化诱致突变表示了从材料和结构中的损伤逐渐积累到材料整体破坏突发转变的过程,一旦出现突变,再采取措施往往为时已晚。地质材料中就存在许许多多的损伤,如岩石中的裂纹和岩体中的断层,它们的相互作用就是地震的发展过程。这一概念可能将活动断层和地震研究有效地结合起来。

2. 样本个性行为

图7表示的是样本个性行为。它说明平均性质几乎

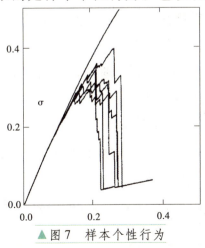

▲图7 样本个性行为

相同的非均质系统其刚度特征可能几乎相同,但是其整体破坏行为却往往呈现显著差异,即系统的破坏具有样本个性或不确定性,这是破坏预测所面临的主要困难之一,因为这意味着仅由系统的宏观平均性质不足以预测表征系统的破坏行为。其原因是,对于那个触发最终宏观整体破坏的强耦合关联级串的微结构位形和相应的敏感部位,往往不可能在系统的平均性质中表现出来。而且在损伤级串出现之前,这个微结构的敏感位形和部位是很难识别出来的,因为这不是一种静态微结构的识别,而是要结合非均匀应力场和微结构演化结局才能识别的。因此在宏观上来看,就出现了样本个性行为,从而难以用类似的宏观样本的破坏结果来预测另一个宏观样本的演化诱致突变,也不能基于恰当的微观模型导出适用于一批样本的破坏阈值作为预测的依据。

3. 跨尺度敏感性

对于这种微结构敏感部位所触发的强耦合关联级串,已经很难用准连续近似来处理了。从物理本质上讲,多尺度系统中,尤其是在小尺度范围内,不可避免地会存在无序性和外界随机因素的影响,从小尺度开始萌生和发展的微损伤与它们有密切关系。某些细节在损伤演化的非线性动力学过程中可能被强烈放大,导致在大尺度上,甚至对整个系统的显著效应上产生关联,这是跨尺度敏感性。

破坏灾害和演化诱致突变

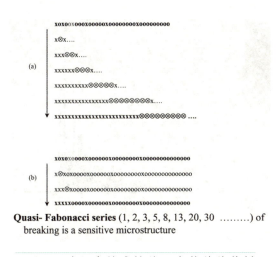

Quasi- Fabonacci series (1, 2, 3, 5, 8, 13, 20, 30 ………) of breaking is a sensitive microstructure

▲ 图8 跨尺度敏感性的一个简单的数例

图8是跨尺度敏感性的一个简单的数例,两个在宏观平均上完全一样的样本,仅在最细微处有一点点差异,就决定了它们完全不同的宏观破坏的结局,这使得简单的平均方法这一处理多尺度问题的常用工具,由于会掩盖跨尺度敏感性而失效。所以从方法论的角度看,寻找能捕捉跨尺度敏感性的理论和方法是一大挑战。

由于以上三个重要的特点,目前阶段对演化诱致突变作完整的理论预测还存在着很大的困难(比如我们还难于对地震的发生作可靠的理论预测)。所以,从工程实践对预测突发灾变的实际要求出发,目前发展有效的诊断性的概念和算法,可能会是一种有效的可操作的途径。例如,一种可能的途径是基于"跨尺度敏感性"的概念,引入敏感性作为系统对外界控制变量响应的敏感程

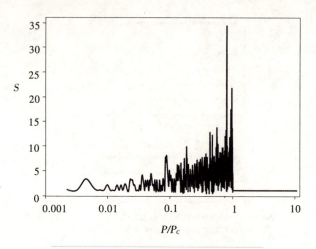

▲ 图9 用临界敏感性预测突发灾变

度的度量。对于一大类系统,当接近灾变点时,敏感性显著提高,这种行为称为临界敏感性。图9是基于"跨尺度敏感性",用"临界敏感性"的概念,根据临界敏感性来预测突发灾变的结果。它表明,在突发灾变发生之前,"临界敏感性"指标会有明显的增加。实验表明,能量释放率的变化,变形场斑图差异的变化,地震学家发展的能量加速释放的理论和"加卸载响应比"方法,看来都与"临界敏感性"相关。

因此,由在物质的较低层次上发生的微结构转变,所触发的强耦合关联级串而最终导致的突发性整体灾变,对现有的力学概念和理论是一个强有力的挑战。所以,发展新的理论和方法,实现工程的健康管理和减少突发事故,是科学家和工程师们共同的历史责任。

活动的地球：板块大地构造与地震

陈运泰

一、地震及地震灾害
二、地球的内部构造
三、地震的基本成因
四、板块大地构造学说

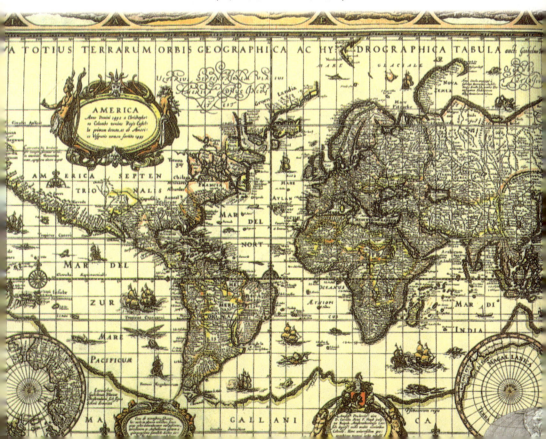

【作者简介】陈运泰,地球物理学家。1940年生于福建厦门,原籍广东潮阳。1962年毕业于北京大学地球物理系,1966年研究生毕业于中国科学院地球物理研究所。历任中国科学院地球物理研究所震源物理研究室主任、国家地震局地球物理研究所所长、北京大学地球与空间科学学院院长、国际大地测量学和地球物理学联合会(IUGG)中国国家委员会主席、IUGG执行局委员、亚洲与大洋洲地球科学协会(AOGS)执行局委员与固体地球分会主席、中国科学院地学部常务委员会副主任、中国科学院咨询委员会副主任、中国科学技术协会第七、第八届全国委员会常务委员会委员。现任中国地震局地球物理研究所名誉所长、北京大学地球与空间科学学院名誉院长、中国科学技术协会全国委员会荣誉委员、中国科学院学部主席团成员、中国地震学会理事长、中国人民政治协商会议第十一届全国委员会委员、国际数字地球学会(ISDE)执委会国际成员、国际《地震学刊》(*Journal of Seismology*)、《国际地球物理杂志》(*International Journal of Geophysics*)、《中国科学》、《科技导报》、《科学》编委,《地震学报》、国际《地震科学》(*Earthquake Science*)、《世界地震译丛》主编,《地球物理学报》副主编等职。主要从事地震波与震源的理论与应用研究,发表科学论著200余篇(部)。他在地震破裂动力学的理论(地震震源及地震序列的模拟)与应用(震源破裂过程反演及天然与地下核爆炸等人为地震的近震源观测)的研究成果增进了对地震破裂过程时空复杂性的认识,并在减轻地震灾害的实践中得到了一些成功的应用。研究成果获全国科学大会奖(1978)、卢森堡大公勋章(1987)、国家自然科学三等奖

(1987年)、国家科技进步三等奖(1998年)、"何梁何利"基金科学与技术进步奖(2000年)、美国地球物理联合会(American Geophysical Union)国际奖(International Award)(2010)等多项奖励。1991年当选中国科学院学部委员(院士)。1999年当选发展中国家科学院(TWAS)院士。

活动的地球：板块大地构造与地震

一、地震及地震灾害

我们从新闻媒体的报道可以知道，几乎每天都有地震发生。比如说，在2004年10月23日，日本新潟（Niigata）发生了6.6级的地震，造成了30多人的死亡。如果倒退到1999年，我们从新闻媒体的报道可以知道，在1999年，土耳其发生了7.4级地震，在我国台湾发生了7.6级地震，在美国南加州发生7级地震，等等。

图1是1999年全球地震震中分布图。图中大的圆圈表示7级以上的地震。在1999年，7级以上的地震就有18次，这些地震造成了22000多人的死亡。其中，发生在1999年8月17日土耳其伊兹米特的7.6级地震使得高速公路的路面像多米诺骨牌一样坍塌。

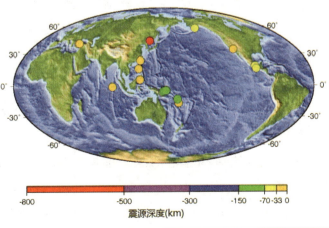

▲图1 1999年全球震级大于、等于7.0地震震中分布图（注：图片资料主要来源于http//www.earthquake.usgs.gov）

2000年，在印度尼西亚发生了7.6级地震，在阿根廷发生了7.2级地震，等等。在这一年里，震级大于或等于7级的地震就有15次，200多人死于地震。

在2001年这一年里，发生了菲律宾7.5级地震，危地马拉7.7级地震，印度7.7级地震，等等。在这一年里，震级大于或等于7级的地震有16次，21000多人死于地震。主要的人员伤亡来自印度古杰拉特地震。这次地震造成了建筑物的破坏和巨大的人员伤亡。2001年11月14日在我国昆仑山口以西发生了一次7.8级地震。所幸地震发生在人烟稀少的地区，没有造成任何人员伤亡。但是地震发生的时候，在地面上出现了规模宏大的地表断裂，断裂从西到东延伸，长达400多千米。

2002年在世界各地仍然发生了很多地震，其中包括兴都库什7.4级地震，菲律宾7.5级地震，我国台湾7.1级地震，等等。在这一年里，震级大于或等于7级的地震就有13次，近1700人死于地震。

到了2003年，我们仍然可以看到全球发生了许多的地震。在2003年，震级大于、等于7级的地震有15次，造成死亡人数高达43819人。

地震在全球的活动非常活跃。根据1900年以来的统计（全球长期平均），震级大于、等于8级的地震平均每年有1次，7级到7.9级的地震有18次；若根据1990年以来的统计，大于或等于8级的地震平均每年有0.7次，即平均三年

活动的地球：板块大地构造与地震

有2次，7级到7.9级的地震有15次。也就是说，地震震级越小，每年发生的地震次数越多（"频度"越高）。

地震是一种会给人类造成巨大的人员伤亡和财产损失的自然现象。地震最大的特点就是它的猝不及防的突发性和巨大的破坏力。大家都知道，1976年7月28日在我国河北唐山地区发生了7.8级的地震。唐山城成了一片废墟！这次地震造成24.2万人死亡，造成了约132.75亿元人民币的损失。

我国是一个多地震的国家，1920年在宁夏海原发生了8.5级的地震，这次地震造成20万人死亡。1966年，在我国河北的邢台发生了7.2级地震，这次地震造成8064人死亡，经济损失将近10亿元人民币。

1999年9月21日我国台湾集集发生了7.6级地震，这次地震的震中在台湾中部的集集镇，所以称做集集地震。这次地震致使整个台湾地区都发生了剧烈的震动。在一些地方，地面运动的加速度接近了重力加速度。台湾地区地震的发生是我们后面要提到的菲律宾板块和欧亚板块相对运动、相互作用的结果。台湾集集地震造成2470多人死亡，1万多人受伤，房屋倒塌1万多栋，无家可归人员达到10多万人，经济损失达118亿美元。它是100多年来发生在台湾的、震中位于台湾岛内的震级最大的一次地震。1935年4月21日在台湾苗栗发生过一次地震，震级7.1级。在那次地震中，有3400多人死亡，12000多人受伤。与1935年苗栗7.1级地震相比，1999年台湾集集地震灾情更为严重。地震将一处长达700多米的水坝(石冈水坝)震塌，使这个水坝的南部抬高了9.8米，北部只抬高了将近2米，落差近7.8米，使得水库里蓄的水在一夜间全部流光，水库见底，造成了台湾中部供水的困难。

这次地震的断层通过台湾中部的南投县雾峰乡，造成了地面大规模的扭曲，使雾峰中学与雾峰小学共用的操场的跑道一边相对于另一边拱起了2米多高。

地震不但造成了人员伤亡和财产损失，而且还会引发火灾，从而进一步加剧人员伤亡和财产损失。1906年4月18日在旧金山发生了8.0级大地震，这次地震在旧金山地区引发了60多处大火。1989年10月18日在美国加利福尼亚的洛马普列塔(Loma Prieta)发生的7.1级地震引发了火灾，造成了巨大的经济损失。1995年1月16日(协调世界时，当地时间为1月17日)，在日本的大阪和神户地区发生了地震，震中在兵库县南部，现在叫做"兵库县南部地震"，也叫做"阪神地震"。这次地震为6.8级。地震在多处引发火灾，造成了巨大的经济损失。

地震具有巨大的破坏力，它可以使得公路、铁路遭到破坏。1906年4月18日旧金山大地震造成了铁路的弯曲。发生在1989年10月18日的洛马普列塔地震同样也导致公路倒塌，砸坏了一辆过路的大卡车。

活动的地球：板块大地构造与地震

地震常伴随地表的破裂，如1992年6月28日美国加利福尼亚州兰德斯(Landers)发生的7.3级地震。

地震还会引起沙土的液化，使得房屋或其他建筑物的地基失效。1964年在日本新潟发生了比阪神地震还要大的一次地震，这次地震震级达到了7.6级。一处大楼因沙土液化，地基失效，像火柴盒一样整体歪斜倒下。当时在这座大楼里的人得以幸运地从窗子里爬出，成功地逃生。

地震还会引起山体的滑坡。1964年阿拉斯加大地震达到9.2级，造成了山体大滑坡，很多房屋因为山体大滑坡而倒塌。

地震还会引发海啸。1957年阿留申群岛地震引发了海啸，海啸使海平面陡然上升，冲向海岸，将沿岸房屋、设施一扫而光。

地震是一种非常可怕的、巨大的自然灾害。前面已经提到，根据长期统计平均，全球每年要发生一次8级以上的地震，18次7级到7.9级的地震。据对1990年至2004年全球地震所造成的死亡人数的不完全统计，1990年因为地震而死去的人数高达51916人，1991年2326人，1992年3814人，1993年10036人，等等。累计在这十几年间，因为地震死亡的人数竟高达13.8万人，也就是说平均每年因为地震而死去的人数高达1.2万人。

地震虽然是一种很可怕的自然灾害，在世界各地都

99

会发生,也可以说每时每刻都有地震发生,但是如果我们仔细地研究地震的地理分布,就可以看到地震的发生并不是没有规律的。如果我们看地震的震中分布图(见图2,图3),就可以看到在世界各地比较大的地震并不是到处都有。在全球,比较大的地震主要分布在一些条带上,这些条带叫做地震带。全世界主要的地震带有三条。一条是环绕着太平洋的地震带,叫做环太平洋地震带。这条地震带上地震最多,全世界约75%至80%的地震能量是从这条地震带里释放出来的。另外一条地震带是欧亚地震带,这条地震带横贯欧亚,在澳大利亚北部跟环太平洋地震带相接。这条地震带上地震也非常多,全球约15%至20%的地震的能量是从这条地震带里释放出来的。如果再仔细看的话,可以看到除了这两条地震带以外,在海底还有一条很细的地震带。这条地震带很长,如果仔细地去测量它,可以发现这条地震带长达6万多千米。这条地震带叫做海岭地震带,亦称为洋中脊地震带,全球大约3%至7%的地震能量是从这条地震带以及其他稳定的大陆地区释放出来的。全球的地震主要发生在这三条地震带上。

图2是1964—1997年期间震源深度为0~700千米、体波震级$m_b \geq 5$的地震震中分布图。从这幅图上可以看到震中分布勾画出相对而言比较稳定的板块轮廓的、连续的、狭窄的大地震带。在板块向外发散的地带,地震

活动的地球：板块大地构造与地震

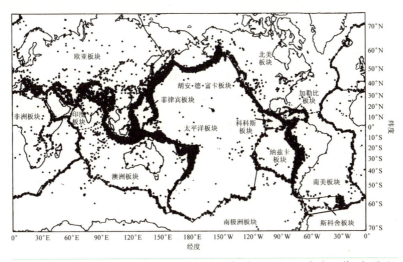

▲ 图2　1964—1997年期间震源深度为0~700千米、体波震级$m_b \geq 5$的地震震中分布图

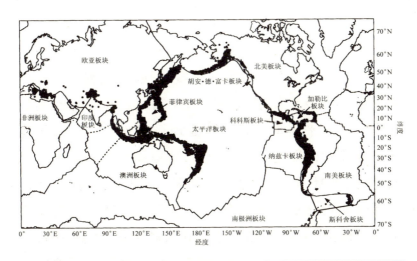

▲ 图3　1964—1997年期间震源深度为100~700千米、体波震级$m_b \geq 5$的地震震中分布图

带很狭窄，有时呈阶梯状，地震活动水平中等。在板块汇聚地带，地震带较宽，地震活动水平很高。在大陆内部的一些地区，地震分布较分散，地震活动水平中等。全球所有震源深度的地震发生在环太平洋地震带、欧亚地震带与海岭地震带三条地震带上。

图3是1964—1997年期间震源深度为100~700千米、体波震级$m_b \geq 5$的地震震中分布图。从这幅图上可以看到中源地震和深源地震的震中分布勾画出地震活动水平很高的板块汇聚带。全球的中源地震和深源地震只发生在环太平洋地震带与欧亚地震带。

二、地球的内部构造

那么为什么会发生地震呢？为什么全球所有深度的地震主要发生在环太平洋地震带、欧亚地震带与海岭地震带这三条地震带而全球的中源地震与深源地震只发生在环太平洋地震带与欧亚地震带呢？这还要从地球的内部构造说起。我们知道，地球的内部构造可以分成地壳、地幔、地核。这个分法是按照地壳、地幔、地核内部物质组成的不同来分的。地壳在世界各地的厚度是不一样的，平均是35千米。在大陆地区，大约是30千米；在海洋地区，大约是5~15千米；在青藏高原地区非常厚，可以达到70~80千米。地幔分成两部分，上部叫

活动的地球:板块大地构造与地震

上地幔,下部叫下地幔。上地幔从深度35千米到深度660千米,而下地幔从深度660千米到深度2889千米。地核又分成外核和内核。外核从深度2889千米到深度5154千米,内核从深度5154千米一直到地心,地心距地面6371千米。

地球的内部构造如果按照它的力学性质来分的话,还有另外一种分法,可以将地壳与地幔分成岩石层、软流层、中间层。所谓岩石层指的是从地球表面一直到地底下80~100千米左右的深度。岩石层包括了地壳和上地幔的一部分。岩石层内的地震波的传播速度较低,地震波在岩石层内传播时衰减比较慢。在地质年代里,具体地说,也就是在10万年至1亿年左右的时间尺度的载荷下,岩石层不发生塑性形变,或者说塑性形变很小。岩石层下面一层是软流层。软流层包括了下地幔。在软流层,地震波的速度比较低,地震波在软流层内传播时衰减较快。软流层的厚度可以达到数百千米,黏滞性比较小,容易流动。软流层的下面是难以流动的中间层,中间层的地震波速度很高。这样一种分法是根据岩石的力学性质来分的。这样,地球最表面的80千米到100千米(在有些地方甚至要比100千米厚一些)是由岩石层组成的。

岩石层并不是"石板一块",而是分裂成若干个可以相对运动的块体,这些块体叫做岩石层板块,简称板块

103

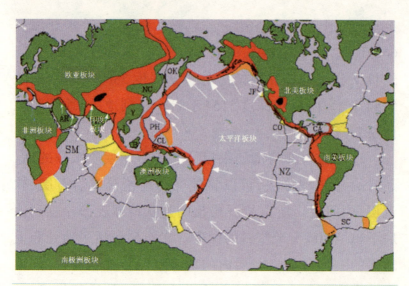

▲图4　板块大地构造图。图中表示太平洋板块等8个大板块和阿拉伯板块等小板块。图中白色箭头的长度正比于假定板块相对运动保持现今速度25Ma不变时的位移。

(见图4)。岩石层板块漂浮在软流层上。全球有7个大板块(早期的分法)或者(我们在下面将要说到的现在的分法)8个大板块,即:欧亚板块、太平洋板块、北美板块、南美板块、南极洲板块、非洲板块、印度板块、澳洲板块这8个大板块。非洲板块现在有人又将它细分成非洲板块、索马里(小)板块。在这些大的板块之间又有一些小的板块。小的板块有刚刚提到的索马里板块,还有阿拉伯板块、菲律宾板块、科科斯板块、加勒比板块、胡安·德·富卡板块、纳兹卡板块,等等(图2—图4)。这些小板块共有14个,它在大的板块间相对运动、相互作用,

活动的地球:板块大地构造与地震

起着一种调节的作用。板块虽小,但其作用却是不可忽视的。板块是不断运动和相互作用的,比如说在图4中,可以看到太平洋板块相对欧亚板块向着西北方向运动。图中白色箭头的长度正比于假定板块相对运动保持现今速度25Ma不变时的位移。在发散带(洋中脊),两个板块的相对运动以互相背离的两个箭头表示。在汇聚带,向下俯冲的板块相对于上覆板块的运动以单箭头表示。在许多地方板块的边界是范围相当广阔的形变带。图中红色区域表示由地震活动性、地形、断层活动等资料推知的陆地上的边界(形变带);橘红色区域表示主要是由地震资料推知的海洋下面的边界(形变带);黄色区域表示由形变及地震资料推知的海洋下面的边界(形变带);在这张图里,可以看到在大洋的底部,板块和板块是背离地运动的,图上的白色箭头是双向的,代

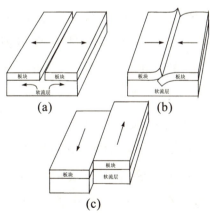

▲图5 板块相对运动的三种方式:(a)相互离开;(b)相互靠近;(c)相互错动

表在这里一个板块朝某一方向运动,而另一个板块则朝相反的方向运动。板块是在不断地运动和相互作用的。板块的相对运动有三种方式,一种是两个板块相互离开的运动,第二种是两个板块相互靠近的运动,第三种是两个板块沿水平方向的相互错动(图5)。图5(a)是两个板块相互离开的情形,图5(b)是两个板块相互靠近的情形,图5(c)是两个板块沿水平方向相互错动的情形。

这三种板块的相对运动方式发生在不同的板块边界上。在大洋的中脊(简称洋中脊)发生的是图5(a)所示的两个板块相互离开的运动。在俯冲带,发生的是如图5(b)所示的两个板块相互靠近的运动,一个板块被迫俯冲到另外一个板块的下面,这种情况发生在诸如海沟的地方。在两段洋中脊错开的地方,发生的是如图5(c)所示的两个板块沿水平方向错动。板块的相互作用发生在板块边界上。板块边界就是板块与板块相互接触的地方。板块边界上的岩石由于受到板块之间的相互作用力的巨大影响,不断地产生物理的、甚至化学的变化,因而板块边界是地质上产生巨大的和根本性的变化的地方。这些地方便是各种活动的构造带,如海岭、岛弧、水平向的大断层,等等。板块的相对运动有前面说的三种方式:相互分开、相互汇聚和沿水平方向相互错动。这样就造成了我们在地球表面看到的四种类型

活动的地球：板块大地构造与地震

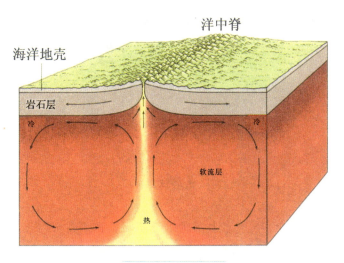

▲ 图6 发散边界

的板块的边界。第一种边界叫做发散边界（图6），第二种边界叫做汇聚边界，第三种边界叫做走滑边界，第四种边界叫做碰撞边界。

所谓发散边界，指的是在洋中脊两个板块相互分开做背离运动的边界。这种边界，因为两个板块是相互分开的，所以称为发散边界。在发散边界下方，深部的热物质上升，到达这两个板块分开的地方遇冷凝结起来，形成新的板块。因为在洋中脊两个板块是朝着相反的方向互相背离地运动的，所以新形成的海洋板块在洋中脊形成后附着在原来的板块上随着板块向相反的方向背离地运动，逐渐地远离洋中脊（图6）。图7是发散边界的一个例子。从这个例子可以看到，冰岛处在北美板

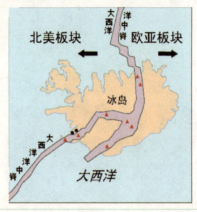

▲ 图7 发散边界的一个实例。图中实心三角形表示火山,实心圆圈表示城市。

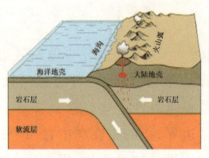

▲ 图8 海洋—大陆汇聚边界

块和欧亚板块互相分开的地方,一系列的洋中脊以及把洋中脊错开的、我们下面将要提到的作为走滑边界的转换断层从冰岛穿过。

　　第二种边界是两个板块相遇、作相向的运动的边界。这种边界叫做汇聚边界。在汇聚边界,密度较大、厚度较薄的海洋岩石层板块朝着大陆板块俯冲,潜没到了大陆板块的下方(图8)。板块的碰撞、俯冲,不但撞出了海沟,还撞出了与海沟平行的火山(岛)弧。在汇聚边界,炽热的岩浆从深部上升、喷发,形成了火山。所以海沟、火山(岛)弧与海洋岩石层板块向着大陆岩石板块俯冲有密切的联系。

第三种边界是走滑边界。在大洋底部,洋中脊并不是连续的,而是分成一段一段的。在连接两个洋中脊之间的边界,其两边的岩石层是沿水平方向错动的。这种边界是沿着断层的走向滑动的边界,所以叫做走滑边界。最著名的、经常被提到的走滑边界是美国加州的圣安德烈斯断层。圣安德烈斯断层实际上是太平洋板块与北美板块的一段边界,它是一个规模宏大的、水平向的、称作转换断层的走滑边界。

除了上面说的三种边界以外,还有一种边界。当两个大陆板块汇聚的时候,会发生大陆与大陆的碰撞,这种边界称为大陆—大陆碰撞边界。两个大陆板块相互

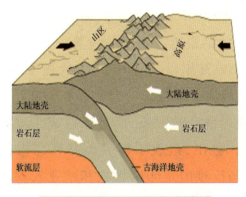

▲图9　大陆—大陆碰撞边界

▲ 图10 印度次大陆在不同时期的位置

碰撞,会使得地壳增厚,同时使得地面隆升,形成高原、山脉(图9)。我国青藏高原号称世界屋脊,这个世界屋脊就是由印度板块和欧亚板块这两个大陆板块互相碰撞造成的。

印度板块沿着北略偏东的方向与欧亚板块碰撞。我们现在看到的印度次大陆,是在图10最上方(最北面)。但是如果追溯到7100万年前的话,它是在图10的最下方(最南面)。在5550万年前的时候,到达图10的由下往上数第二个位置;在3800万年前的时候,到达图10的由下往上数第三个位置……直到今天才到达图10的最上方所示的位置。总之,现在的印度次大陆在7100万年以前是在图10的最下方,由于印度板块和欧亚板块的碰撞,才使得它从7100万年前的位置向北移动到达现在的位置,而且还造成了世界屋脊青藏高原、喜马拉雅山,造成了世界最高峰珠穆朗玛峰。青藏高原、喜马拉雅山是印度板块和欧亚板块两个大陆板块相互碰撞的结果。

活动的地球:板块大地构造与地震

那么,究竟是什么力量驱动着板块无休无止地运动呢?现在对于板块的驱动的机制有三种说法。一种是热对流机制,第二种是板块拖曳地幔机制,再一种是洋中脊顶部的推挤机制。

在日常生活里我们都有烧水的经验。如果我们往一个锅里或者一个烧杯里倒进水,下面用火来烧它,就会发现在水烧开时,热水上升,冷水下降,形成对流。发生在地球内部的情况与此类似。大家知道,岩石层板块的厚度是80千米到100千米,温度是比较低的,岩石是比较硬的,在地质时间尺度(10万年至1亿年左右)的载荷下,是不能流动的。但是在岩石层板块下面的软流层,温度是比较高的,是比较软的,而且黏滞性比较小,容易流动,形成对流圈。对流是在什么地方发生的呢?在岩石层内含有放射性物质,由于放射性物质衰变产生的加热作用,热的物质即熔融的岩石从地幔底部上升,到达洋中脊后逐渐冷却,形成新的岩石层板块附着在原来的板块的端部。对流到达板块的端部后便改变方向,沿着水平方向缓慢地流动。软流层中的对流带动了覆在它上面的岩石层板块,使板块像传送带一样地缓慢移动。在到达两个板块汇聚的地方,如果一个是海洋板块,另一个是大陆板块,那么由于海洋板块密度比较大,厚度比较薄,就要被大陆板块压到下面,俯冲到大陆板块下方。俯冲是两个板块相互汇聚的结果。到了俯冲带，软流层上部的物质逐渐地沉到下方，这样就构成了一个封闭的对流圈，形成了对流循环。于是，新的板块在洋中脊形成，而老的板块在海沟发生俯冲，潜没到软流层里，如同我们在日常生活里看到的、把一根冰棍放到温水里它会慢慢地溶化一样，俯冲下沉的岩石层会逐渐地熔融，化为软流层中的物质。所以整个过程是一种循环过程：新的板块在洋中脊形成，老的板块在俯冲带潜没、熔融。整个循环过程大约需要1亿年到2亿年。

上面说的是板块驱动的热对流机制。第二种机制是板块拖曳地幔的机制。这种机制说的是在两个板块相互碰撞的地方，海洋板块俯冲到大陆板块下方，往下俯冲的海洋板块拖曳着岩石层板块沿水平方向运动。持这种观点的人认为两个板块互相碰撞、海洋板块俯冲到大陆板块的下方，形成了负的浮力拖曳着地幔沿水平方向运动是驱动板块的主导因素。

第三种驱动机制指的是在洋中脊的顶部发生的推挤作用。这种机制认为热的物质从软流层底部上升，到达洋中脊，在洋中脊形成了新的岩石层物质。新形成的岩石层物质附着在原来的岩石层板块端部，犹如一个楔子打进两个板块之间，挤压着岩石层板块向相反的方向运动。

这三种机制都有人支持。持热对流机制观点的人，认为热对流在板块的驱动上起着主导的作用；持板块拖曳地幔机制观点的人,认为俯冲板块拖曳地幔起主导的作用;持第三种观点的人则认为从深部上来的熔融的物质到达大洋顶部,遇冷凝固后附着在原来的岩石层的板块的端部,像一个楔子一样打进两个板块之间,推挤着两个板块作相互背离的运动起主导的作用。三种观点强调的起主导作用的机制各不相同,尽管如此,他们并不否认其他两种机制的存在。更重要的是,这三种观点都有一个共同的特点,就是一致认为岩石层板块在洋中脊逐渐地产生,而在海沟处下沉到软流层中,其边缘部分逐渐被软流层所吸收,形成一个循环的过程。也就是说,大洋底部"永葆青春",其平均年龄大约是1亿年到2亿年。

三、地震的基本成因

现在我们来谈地震的基本成因。概括地说,板块的相互作用是地震的基本成因。这里说的地震既包括发生于板块之间的地震,叫做板间地震,也包括发生于板块内部的地震,叫做板内地震;既包括浅源地震,也包括中源地震和深源地震。它们的发生都与板块的相互作用有关。浅源地震指的是震源深度为0～70千米的地震。浅源地震包括在发散边界、汇聚边界、走滑边界、碰撞边界发生的地震。中源地震指的是震源深度为70千米至300千米的地震。深源地震指的是震源深度为300千米至700千米的地震。除了板块之间的地震以外,板块内部也发生地震。不管是板间地震,还是板内地震,其发生的基本成因都是板块的相互作用。下面我们逐个说明为什么板块的相互作用是地震的基本原因。

先从发散带说起。前面已经提到过,发散边界就是洋中脊。在洋中脊下方,熔融的岩石从深部上升,到达洋中脊后逐渐冷却,形成新的岩石层板块,两个板块之间发生相互背离的运动。这种运动会使洋中脊发生形变,在洋中脊岩石内部逐渐地积累起应力,当岩石中的应力增加到它承受不了的程度时就要发生突然的断裂,岩石的突然断裂就是地震。因为新的板块是在洋中脊形成的,一旦形成后,就相互背离地离开洋中脊运动。所以在新的岩石层板块形成的地方,也就是说在洋中

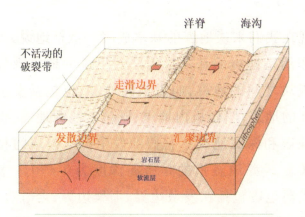

▲ 图11　发散边界、汇聚边界与走滑边界

活动的地球:板块大地构造与地震

脊,或者说在发散边界,板块的厚度是比较薄的(图11)。

地震的发生也就是岩石的突然破裂,地震的规模或者说地震的大小跟破裂面的面积是成正比的。在洋中脊,岩石层的厚度是比较薄的。因为它比较薄,也就说从地面到地下的深度并不是很深的,所以发生在洋中脊的地震不可能太大,震源也不可能太深。在洋中脊,或者说在发散边界,震源的深度一般是比较浅的,这是因为洋中脊所在处的板块比较薄的缘故。发生于洋中脊的地震其规模也不可能太大,也是跟洋中脊是新形成的板块所在处、因而比较薄有关系。所以洋中脊是发生地震的地方,但是在这个地方发生的地震不可能太大,也不可能太深。

我们在前面的图2—图4中看到了全球地震震中分布图中有一条绵亘6万多千米的海岭地震带。虽然从这些图中能够清楚地看到地震成条带分布,但是与环太平洋地震带及欧亚地震带相比,地震既不多,也不那么大,而且震源深度也是比较浅的。这是第一种情况。

第二种情况是在两个板块汇聚、发生俯冲的地方,海洋板块俯冲到大陆板块(或另一个海洋板块)下方,造成了板块的汇聚[图5(b),图8,图11]。当岩石中的应力增加到它承受不了的程度时就要发生突然的破裂,释放出能量,即地震。在两个板块的汇聚地方,岩石层板块比较老,它是从发散带缓慢地移动过来的。在移动的过程中,它的厚度逐渐地增加,所以在汇聚边界或者说在海沟处两个板块汇聚的地方,岩石层板块一般都比较厚。同时,两个板块相互接触的时候,接触面一般是一个斜面,所以两个板块汇聚和碰撞的地方接触面的面积通常都比较大;而且一个板块俯冲到另一个板块下方时,可以俯冲到比较深的地方。因此,在俯冲带一旦发生地震,容易发生比较大的地震、而且是震源比较深的地震。日本列岛的许多地震就是两个板块汇聚俯冲的结果,这样的地震通常规模比较大,震源深度比较深。全球发生的大地震大都是发生在两个板块汇聚的边界。

　　第三种情况是走滑边界[图5(c),图11]。在走滑边界,两个板块沿水平方向相对运动。走滑边界就是我们通常说的从一段洋中脊转换到另一段洋中脊的断层,叫做转换断层。在转换断层或者说走滑边界发生地震时,因为是在连接两段洋中脊的地方发生的地震,岩石层的厚度也比较薄,所以发生在走滑边界的地震规模通常较小,一般不会像发生在海沟即汇聚边界的地震那么大。因为岩石层的厚度比较薄,在走滑边界发生的地震虽然总体上不会像发生在汇聚边界的地震那么多,那么大,但是它有的时候也会非常大,因为它的断层可能会非常的长。此外,在个别情况下,走滑边界或者说转换断层不一定都在海里,它可能"上岸",分布在沿海或者在陆地上。在这种情况下,一旦发生地震,对人类的生命和

活动的地球：板块大地构造与地震

财产的影响就会非常大，不可小视。美国加州圣安德烈斯断层就是这种走滑边界的典型例子。

前面说的是浅源地震，包括发生在洋中脊的地震，发生在汇聚边界的地震，以及发生在走滑边界的地震等三种情况。

地震不仅发生在浅部，也发生在深部（图3）。如前所述，在70千米到300千米深处发生的地震叫做中源地震，在300千米深处到700千米深处发生的地震叫做深源地震。为什么会发生深源地震或者中源地震呢？根据板块大地构造学说，深源地震和中源地震的发生与下沉到软流层的岩石层板块有关。当两个板块互相碰撞时，一个板块被另一个板块压到下面、俯冲到另一个板块的下面，就像我前面说的，好像一根冰棍放到一杯温水中，它的外部逐渐地被周围的热的软流层所消融。但是这样一个过程需要时间，因此下沉的岩石层板块（我们称它为"板片"）内部的岩石仍然可以像它在上面一样保持比较低的温度，因此仍然可以发生和在上面的岩石层板块一样的脆性破裂，也就是说仍然可以发生地震。因此，中源地震和深源地震就是发生在下沉的岩石层板片内的地震（图12）。在20世纪60年代板块大地构造学说提出之前，早在20世纪20年代末，日本著名的地震学家和达清夫（Wadati Kiyoo, 1902—1995）早已发现中源地震和深源地震沿与水平面大约成45度倾斜的条带分

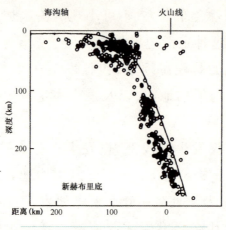

▲ 图12　和达-本尼奥夫地震带

布。从20世纪40年代开始,美国著名的地震学家贝尼奥夫(Hugo Benioff,1899—1868)对全球中源地震与深源地震做了广泛深入的研究,指出这是因为海底(那时还没有板块大地构造学说)俯冲到邻接的大陆下的结果(图12)。这一大胆的假说比板块大地构造学说超前了20多年。在西方,通常把中深源地震的这种分布叫做贝尼奥夫带。考虑到和达清夫与贝尼奥夫对中深源地震分布的重大发现及其超前的科学解释的贡献,现在把中源地震和深源地震朝软流层俯冲的分布条带称为和达-本尼奥夫(地震)带。和达-本尼奥夫(地震)带是在板块大地构造学说提出之前,地震学家、地球物理学家由于和达清夫与贝尼奥夫的卓越工作早已知道的事情,只是直至板块大地构造学说提出与确立之后,人们才明白所

活动的地球:板块大地构造与地震

谓的和达-本尼奥夫带就是下沉的岩石层板块俯冲到软流层、在板块内部发生的地震的结果,认识到了中深源地震的成因与机制。

除了前面所说的地震外,我们知道比如说在中国的青藏高原也发生地震。青藏高原是印度板块与欧亚板块两个大陆板块汇聚的地方。两个大陆板块汇聚,不但致使地壳变厚,而且也造成地面隆升。两个大陆板块的相互碰撞,使得形变不但发生在山区,而且也逐渐地向碰撞带的周围扩展。因此,在两个大陆板块发生碰撞的非常广泛的范围内也要发生地震,这种地震称为碰撞带地震。这就是在青藏高原发生地震的原因。青藏高原地震是两个大陆板块汇聚的结果。不管地震是发生在板块边缘的什么地方,是发生在汇聚边界、发散边界,还是走滑边界、碰撞边界,都是发生在两个岩石层板块之间的地震,所以叫做板间地震。

地震不仅发生在板块之间,也发生在板块的内部。发生在板块内部的地震叫做板内地震。从图2—图4可以看到,地震不仅发生在板块之间,比如环太平洋地震带、欧亚地震带、海岭地震带,地震也发生在板块的内部。在印度次大陆,在印度板块内部以及欧亚板块内部,同样有许多地震发生;在北美洲,除了在板块边界以外,在北美板块内部同样有地震的发生。

我国大陆并不处在环太平洋的地震带上,我国大陆离环太平洋地震带还有一段距离。欧亚地震带从青藏高原南部喜马拉雅山穿过,因此除喜马拉雅山地震外,我国大陆内部的大多数地震都发生在板块的内部。发生在板块内部的地震叫做板内地震。

　　那么为什么会发生板内地震呢?目前对于板内地震发生的原因的了解还不如对于板间地震原因的了解那么清楚,但是总体上已经知道,板块内部地震的发生也是因为板块的相互作用。板块的作用并不局限于板块的边界,这个作用会逐渐地向板块内部传递。传递的结果致使板块内部的应力发生变化。因此在某些有利的地方,就要发生地震。这就是板内地震发生的原因。然而具体地说,究竟某个地方为什么会发生板内地震,现在仍然是一个非常受关注的热点问题,并没有得到圆满的解决。但是,不管地震发生在什么地方,最后都是以岩石脆性破裂的方式、以岩石突然破裂的方式发生。这就是说,地震的发生是因为地下岩石中的应力因为板块运动而逐渐地积累,当岩石中的应力积累到它再也不能承受的程度时,就会发生突然的破裂,岩石的突然破裂就是地震。所以我们说地震的直接成因就是岩石中的应力逐渐地积累增加直至岩石不能承受的程度,导致岩石发生突然的破裂。关于地震直接成因的说法,叫做"地震直接成因的弹性回跳理论"。地震直接成因的弹性回跳理论是1906年旧金山大地震之后提出来的。旧

活动的地球：板块大地构造与地震

　　旧金山大地震是一次非常大的地震,发生于1906年4月18日。在发生这个地震的时候,在美国的西海岸长达700英里的范围之内,也就是从库斯(Coos)海湾一直到俄勒冈州和加利福尼亚州的洛杉矶地区,都发生了地表的断裂,而且地震引发的大火无情地吞噬了旧金山这座城市,致使700多人死亡,25万人无家可归,28000座建筑物被摧毁。按照当时的估计,经济损失约50亿美元。旧金山大地震留给我们一个很重要的结果,就是旧金山大地震发生的时候,在很多地方,圣安德烈斯断层的西边相对于东边往北发生了错动。根据对大量观测事实特别是对地震前后的大地测量结果的研究,美国地质学家雷德(Harry Fielding Reid,1859—1944)在1910年提出了关于地震直接成因的弹性回跳理论(图13)。按照弹性回跳理论,地震的发生是因为在地下岩石里的应力不断积累,原先没有发生形变的岩石,因为地下岩石块体的相对运动,比如说我们现在已经知道的太平洋板块相对于北美的板块由南往北地运动或者说圣安德烈斯断层西边的岩体相对于东边的岩体向北运动,使得岩石发生了形变。原来是平直的线[图13(a)],逐渐弯曲[图13(b)],发生地震破裂[图13(c)]时,破裂面两边的岩石就要回跳到它原先没有发生形变时的位置上[图13(d)]。这就是美国地质学家雷德提出来的关于地震直接成因的弹性回跳理论。这个理论是关于地震发生的直接的

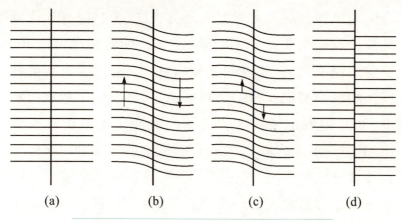

▲ 图 13　用弹性回跳理论解释地震破裂过程

原因的,至于地震发生的基本的原因则是前面已提到的板块的相互作用。到了临发生破裂以及破裂发生的时候,便发生了像图 13(a)—图 13(d)所示的、我们在日常生活中非常熟悉的弹性回跳的情况。

四、板块大地构造学说

如上所述,板块大地构造与地震的发生有密切的关系。我们刚才提到,地震的发生与板块的相对运动、相互作用密切关联。板块大地构造学说是地球构造理论的一个很重要的成就,它虽然是 20 世纪 60 年代才被提出来和确立的,但它的来源则可以追溯到 1912 年著名的地理学家、探险家魏格纳(A. Wegner, 1880—1930)提出

活动的地球:板块大地构造与地震

的大陆漂移学说。1915年,魏格纳出版了一本书,书名是《海陆的起源》。在这本书中,他发表了他于1912年写的一篇题为"海陆的起源"论文的增订稿。魏格纳认为,世界上的大陆如欧亚大陆、北美大陆、南美大陆、非洲大陆在早些时候是联结在一起的,叫做联合古陆或泛大陆。这个联合古陆后来因为大陆漂移而逐渐地分开。图14表示2.25亿年以前联合古陆的情况。联合古陆在2亿年以前分开,逐渐演变成现今六大洲四大洋。这就是魏格纳提出来的大陆漂移学说。但是这个学说在当时直至20世纪60年代的长达40多年里都没有能够得到科学界的承认。为什么呢?原因是到底是什么样的力使得大陆漂移的,这个问题当时解释不了。当时魏格纳认为这是跟地球的自转的离心力、日月引力有关的。但通过定量计算发现这个力太小了,解释不了漂移的推动力的机制。于是魏格纳的大陆漂移学说遭遇冷落,被长时间搁置。但后来,在其他领域里有了许多重要的发现。例如,科学家在南美洲和非洲都发现一种类似于蜥蜴的恐龙的化石。早先他们认为之所以在两个大陆都有过这种恐龙,是因为当时这两个大陆是通过陆桥相联系的,但是这种说法非常勉强。到了后来(1929),赫尔姆斯(A. Holmes)提出地球内部因为温度高,黏滞性比较大,是可以流动的。赫尔姆斯为大陆漂移的机制提供了一个解释,尽管如此,魏格纳关于大陆漂移的假说仍然

气候与灾害科学技术集

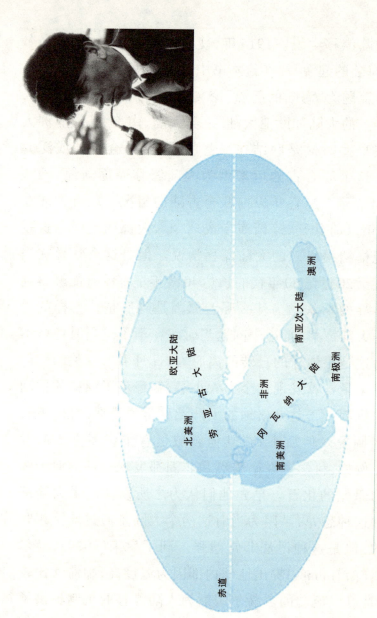

▲图14 魏格纳和他提出的大陆漂移学说中的联合古陆

124

没有被广泛地接受。到了20世纪50年代,英国的布莱克特(P. M. S. Blackett)、朗科恩(S. K. Runcorn)、布拉德(E. C. Bullard)、尤文(M. Ewing)从古地磁学方面找到了大陆漂移的证据。他们通过对古地磁学的研究,发现古代的磁极跟现代的并不一致,而这种不一致只能用大陆曾经发生过漂移来解释。到了20世纪60年代的时候,布拉德把非洲的西海岸与南美洲的东海岸在约1千米的深处拼合,用了计算机处理,发现这两个大陆可以很好地拼接在一起,拼合得非常完美(图15)。在海洋研究方面,二战时的一位美国海军军官赫斯(H. Hess),在二战期间航海时经常要负责测定海底的深度,探测海底的地

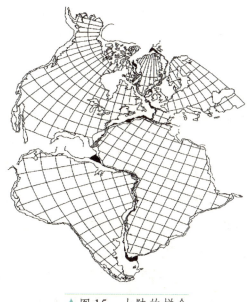

▲图15　大陆的拼合

形。战争结束以后,赫斯回到了普林斯顿研究院继续他的研究工作。他发现海底实际上并不是平坦的,而是起伏不平的。海底有山脉,还有海沟。赫斯绘制出了一张海底地图。1959年,美国的尤文、希曾(B. Heezen)、萨普(M. Tharp)绘制了环球洋中脊海图。在海底,有比大洋盆地高出来的绵亘不断的长达6万多千米的海底山脉;而且洋中脊并不是连续的,它是分段的,每段都像是被错开似的。这些现象使得赫斯在1962年提出了海底扩张假说。他认为,之所以出现这种独特的景象,是因为发生了海底扩张,海底的两边朝相反的方向做背离的运动。接着,海底扩张假说通过磁性反转的测定进一步得到了证实。因为海底是新的岩石层板块形成的地方,熔融的岩石从底部上升,到了洋中脊遇冷凝固,在凝固的时候像磁带录音机那样记录下了当时地球磁场的方向。地球的磁场在地质年代里曾经发生过多次反向。所以如果海底是扩张的,当熔融的岩石从地幔上升至地表凝固时就会记录下凝固时的地球磁场的方向,或者是正的,或者是负的。因为新形成的板块逐渐地向两边移动,所以如果观察海底岩石的磁性的话,就会发现在离洋中脊较近的地方,岩石的磁性或者是正向的,或者是反向的,而且年龄比较小;而在远离洋中脊的地方,或者是正向的,或者是反向的,但年龄比较老。因此如果测定垂直于洋中脊方向的岩石的磁性,根据岩石磁性异常的正、反向就可以推断洋中脊在地质年代里是怎样移动以及是以多大速率互相背离地运动的,从而也就证实了海底的扩张。在20世纪60年代,马修斯(D. H. Mathews)和瓦因(F. J. Vine)通过对海底磁性反转的测定证明了海底是在扩张的,而且绘制出了海底岩石磁性的年代。在海底越是远离洋中脊,其年龄越老;越是近洋中脊,越年青,证明了海底是在扩张的。

到了20世纪60年代,加拿大的威尔逊(J. Tuzo Wilson,1908—1993)集前人之大成,提出了板块大地构造学说。板块大地构造学说认为:地球最上部80千米到100千米是岩石层板块,岩石层板块分成几个大的板块和若干个小的板块,板块是在不断地相对运动和相互作用的。板块的相对运动和相互作用是其下面的软流层对流的结果,整个地球处于不断地运动和变化的状态。这个运动和作用虽然很缓慢,但是是可以测量的。板块运动的速率在有的地方快些,有的地方则慢些,平均每年只有几个厘米。这个速率虽不大,一年是几个厘米,最大可达十几厘米,与人的指甲生长的速率相当,但累积起来则是十分可观的。板块大地构造学说提出后,引起了地球科学的一场革命。紧接着,勒皮雄(X. Le Pichon)、麦肯齐(D. McKenzie)、杰森(W. Jason)、摩根(Morgan)根据大量的资料确定了板块的轮廓、位置以及运动的方向。伊萨克(B. Isacks)、奥利弗(J. Oliver)和赛克斯（L. R. Sykes）从地震学的角度证实了发生于转换断层的地震的震源机制和发生于洋中脊的地震的震源机制与板块大地构造学说所预期的是完全一致的。板块大地构造学说是地球科学的一个意义重大的革命，它成功地解释了许多重要的现象，但最为重要的一点或者说板块大地构造学说的精髓是它指出：人类赖以生存的地球是处在不断地运动和变化中的，是一个活动的地球，而地球上的许多现象都与板块的相对运动和相互作用有关。板块大地构造学说是一个伟大的科学成就，其意义堪与人类历史上哈维（W. Harvey, 1578—1657）发现人体内血液循环的意义相媲美。板块大地构造学说成功地解释了很多重要的现象，今天我只是从地震的角度做了一点说明，指出地震作为发生在地球内部的一种自然现象，它的发生与板块的运动和相互作用是密切关联的，是运动的地球、活跃的地球的生动表现。

GPS——地震预测利器

地壳形变与地震前兆探索回顾和展望

顾国华

一、GPS是成熟有效的地壳形变观测技术
二、地壳形变观测数据处理与研究
三、地壳形变前兆研究
四、结束语

【作者简介】顾国华,研究员,地震预测研究所。1962—1968:武汉测绘学院(现已合并到武汉大学)天文大地测量专业学习,1968年毕业。

　　研究领域为1.GPS数据处理和分析;2.地壳形变研究;3.地震预报。1968年9月至1997年11月(天津)中国地震局第一监测中心工作。1997年12月至今(北京)中国地震局地震预测研究所工作。1983年、1984年美国加州Menlo Park美国地质调查局(USGS)进修。1990年10月至1991年9月瑞士伯尔尼大学天文研究所进修,公派高级访问学者,进修GPS数据处理软件技术。2003年至今为中国科学院大学兼职教授,讲授现代大地测量(包括GPS等)。

长期从事地壳运动与地震预报研究,主要研究常规大地测量、空间大地测量(GPS)数据处理方法与软件及其在地震预报中的应用。研究了GPS观测得到的2008年汶川8级地震的地壳形变前兆。发表了80多篇中文或英文论文。

GPS——地震预测利器

引 言

从1966年3月邢台大地震至今,中国地震预报已经过了40多年的探索,有难得的成功,更多的是惨重的失败。地震能否预报?地壳形变观测,特别是GPS(全球卫星定位系统),还能否是地震预报的重要观测手段?这些问题不仅是公众关心的问题,更是困扰地震预报工作者的根本问题。

地震预报的关键是寻找地震前兆。基于大地震,特别是浅源大地震的成因是地壳运动的结果,监测地壳变形或运动,获取地震前兆,早就是国际上开展地震预报的重点。10多年来我国投入数亿元建立了以GPS为主要观测技术、以地震预报为主要目的的"中国地壳运动观测网络"及其延续"大陆构造环境监测网络"。2012年3月初《人民日报》报道称该监测网络为"地震预测新添利器"。在地震预报处于低谷时,有必要回顾地震前兆探索历程,以观测结果为依据,认识GPS是"地震预测利器",重新肯定地壳形变测量在地震预报研究中的重要作用,坚定信心,攻克难关,促进我国地震预报事业稳步发展。

一、GPS是成熟有效的地壳形变观测技术

我国将地壳形变测量分为大地形变测量和地（壳）形变连续观测2大部分。这里所谓的连续观测是指以较短的时间间隔,保持持续不断的观测。前者采用各种大地测量技术,在地表监测,甚至连续监测（如GPS）,由观测站间有几何或数学物理关联的观测数据获取观测网整体计算结果,得到大范围地壳形变信息。地形变连续观测则采用大地测量观测技术（如水准测量和测距技术）或与大地测量观测技术不同的技术（如倾斜仪、应变仪等）,在固定的观测站上在地表或地下,甚至海底下,以各种时间间隔连续观测小范围的地壳形变,但即使采用大地测量观测技术（除了GPS）,各观测站的观测数据数学上彼此之间互不关联。

1. GPS观测技术的优势

从1966年邢台大地震后到1998年,我国主要采用传统大地测量方法开展大地形变测量,包括水准测量、激光测距,甚至还曾采用过三角测量。尽管激光测距等不断采用尽可能先进的仪器制造技术,精度不断提高,但观测距离仍限于几十千米以内,边长相对精度甚至仍难高于10^{-6}。精密水准测量精度高,易于实施,曾是最主要的观测技术,至今仍在使用。传统大地测量,特别是

GPS——地震预测利器

水准测量,曾在地壳形变研究中发挥过作用。传统大地测量观测技术的主要问题是,劳动强度大,效率低,精度低(除精密水准测量外),观测周期长,不可能及时获取地震前兆信息,对于地震预报确有缓不济急的问题,因此,只能作为中长期地震预报的监测手段。

GPS是现代大地测量技术的革命,已成为一项成熟的形变测量技术。其主要特点或优势是:观测精度高,每日计算结果垂直分量精度可达3mm,水平分量精度可达1mm;所得观测结果长期稳定性好;除海面上外,陆地上观测区域的范围可大至全球,站点可很密集,站点数仅受资金所限;可获得大幅度快速位移,观测的位移量或应变量可大到不受限制;可同时获取的2维水平位移和1维垂直位移及不同尺度范围水平应变所有分量;在站点较密时,易于显现各种形变量的时空发展图像;可获取高采样观测数据,利于短临前兆观测;可及时甚至实时获得数据处理结果,满足短临地震预报的需求;还可获取大地震前大范围电离层TEC(总电子量)短临异常;此外建站和观测成本较低等。GPS是目前综合性最强的地壳形变观测技术,最能适应地震预报对观测技术在时空强("强"指观测值的大小)的要求。

由于GPS具有上述优点,利用GPS技术观测地壳形变,监测前兆探索地震预报,成为国内外的共识,曾寄予了极大的希望。1998年建立的中国地壳运动观测网络,标志着我国地壳形变观测和地震预报探索新阶段的开始。

在GPS出现后的一段时间内,对GPS观测的主要疑虑是其观测精度是否真的很高,至今仍疑虑GPS观测垂直位移观测精度不高。由于GPS是3维空间定位,如无GPS垂直分量定位精度保证,上述水平分量定位精度是不可能达到的。GPS观测得的mm量级同震垂直位移和cm量级年周期变化,都是GPS观测垂直分量达到较高精度才能获得的。GPS观测时,微波穿透大气的对流层厚度为40km左右,对各站观测的影响基本是独立的,即在无论多大的范围内站点间垂直位移无误差积累。在GPS数据处理中,对各站的每个观测值都作对流层延迟影响改正,并估计一定时间间隔的残留影响,还作固体潮等改正。在GPS地震监测中,除了连续观测外,每站的流动观测通常也要连续观测数天。水准测量是在折光影响最严重的对流层最底层观测的,两水准点间必须多次设站,各站观测时间仅短短几分钟,无法连续观测,至今既无法对大气折光影响作改正,也无法作固体潮等改正,结果导致误差积累,观测范围越大,误差积累越严重。以中国内地为例,自西向东大范围的精密水准测量路线长度达数千km,最西部的水准点相对东部水准点的垂直位移误差可达dm量级。由于观测周期的局限,水准测量无法获得各水准点的年周期季节变化。目前只有小区域的精密水准测量仅有精度高和水准点密度

GPS——地震预测利器

高的优势。一些地区的地面沉降监测研究表明,用GPS观测代替水准测量是完全可行的,且是必然的发展趋势。正在建设的我国国家现代测绘基准体系提出,"卫星定位技术将逐步取代传统水准测量"。

中国的北斗、俄罗斯的GLONASS、欧洲伽利略和美国的GPS卫星导航系统共同构成了GNSS(全球导航卫星系统)。多系统有助于进一步提高GNSS的观测精度,特别是由于同一时刻观测到的GNSS卫星数量成倍增加,可显著提高定位精度,特别是单历元的定位精度,更有利于观测地震前的短临地壳运动异常。

尽管卫星重力测量取得了重大进展,获得了巨大地震的同震重力场变化信息,甚至震前的某些信息,观测覆盖了全球海洋,但距离地震预报希望的观测精度,特别是空间分辨率,仍有一定的差距,即使是地面重力测量尚无法代替精密水准测量或GPS的垂直分量观测。

InSAR(合成孔径雷达)是GPS之后一项重大的空间对地观测技术,其最显著的优势是可获得陆地一定范围空间上连续的地壳形变图像,在大地震同震垂直位移观测研究中已发挥了明显的作用。但其观测精度有待提高;受卫星数量和运行周期的限制,InSAR重复观测周期还不可能短,这些不足制约了其在地震预报探索中的应用。显然InSAR观测无法覆盖海底。

2. 地壳形变连续观测技术发展

为探索短临地震预报,俄罗斯、日本和美国等国,在GPS出现很早之前就采用了高精度地形变连续观测技术,如各种倾斜仪、应变仪等,以弥补传统大地测量精度低、采样间隔长和只能在地面观测等不足,可以延伸到地壳内部的一定深度观测,甚至可在海底下观测,其精度可达到观测地球固体潮汐,例如,倾斜仪、应变仪观测精度可高于10^{-8}。地形变连续观测技术的另一特点是地球固体潮汐是一种有理论值可比的显著地壳形变现象,可为分析地壳运动异常提供理论值依据,这是地形变连续观测技术最为突出的优势。1966年邢台大地震后我国也采用了此种观测技术。此类观测仪器已从模拟观测发展到数字化观测,数据传输方式也随通讯技术的发展而改变。

尽管地形变连续观测仪器研制技术和仪器质量得到很大的提高,然而,由于环境干扰的存在,如气压、地下水位、地下温度和压力等等的影响,仪器精度或灵敏度与观测结果的稳定性对立。环境干扰是各种观测中的普遍现象,观测精度越高,越容易受干扰影响,观测结果稳定性越低,或者说观测结果稳定的时间段越短,不利于对中长期地震活动趋势的分析预测,甚至也不利于地震短临预报。为了避免或减小干扰,不仅对观测仪器有很高的要求,加大仪器成本,地形变连续观测站通常建在条件较好的基岩坑道或一定深度的钻井内,建站和

GPS——地震预测利器

观测成本高，至今站点数量十分有限。仪器精度或灵敏度也是制约仪器量程的一大因素。如倾斜仪的精度或灵敏度越高，其观测倾斜角度的变化范围会越小，因而无法获取变化幅度大的地震前兆。

短距离的水准和基线测量，虽然不能观测地球固体潮汐，但利用这类传统大地测量方法也曾获得大地震（如海城等地震）前的中长期趋势异常。可见，把观测地球固体潮汐作为地震预报所要求的地形变观测精度的唯一标准是片面的。

由于地形变连续观测站密度低、间距大，干扰复杂，由各站形变量的空间分布，很难分析相邻站变化之间的关系，难以获取形变异常或干扰的空间影响和发展。

GPS观测技术和地形变连续观测技术虽有不同，甚至很大的不同，但在时间上连续观测这一点上已趋同，而且同某些地形变连续观测一样，高采样率，如每秒一次采样率的GPS单历元观测，已可记录到大地震震中附近大幅度低频地震波。

地形变连续观测技术的发展和应用远早于GPS，尽管也有大地震临震前地球固体潮汐偏离理论值的报道，但由于上述多方面因素的制约，所得震前形变异常观测结果零散，至今对所得现象仍难作确切的结论，其在地震预报研究中的进展缓慢，显然还需在观测仪器的研制和观测环境等方面作持续探索。

3. 地壳形变监测网布设

地壳形变观测技术除了观测仪器外,还涉及站点的选择和密度、布设站点构成的图形和站点位置的构造意义、观测周期或观测数据采样率、辅助观测项目和观测数据传输和处理等,即地壳形变监测网布设技术。对于相对成熟的观测技术,增加观测站点密度,实现空间上密集,甚至在地表或近地表的空间上的连续观测,成了地壳形变观测技术发展的最主要的关注点。

由于中国内地的地震活动主要是频发的内陆地震,广袤的陆地,独特的地壳构造条件,西强东弱的构造运动和西强东弱的地震活动,为布网观测地壳形变和捕捉地震前兆提供了非常有利的场地条件。

二、地壳形变观测数据处理与研究

及时的数据处理和分析是地震预报的关键环节之一。多年来,我国的大地测量工作者成功地将传统大地测量和以GPS为代表的空间大地测量数据处理方法和各种变形理论用于地形变观测数据处理和分析,并使之得到了新的发展。

1. 观测数据处理和地壳形变信息获取

地壳形变观测数据处理主要包括2大部分:观测数据

的平差处理和从平差处理结果获取地壳运动信息。传统大地测量和地形变连续观测数据处理已显简单得多。GPS数据处理是地壳形变数据处理最复杂、最繁重的基础工作,目前仍主要采用欧美的软件,实现高精度、自动化、快速甚至实时处理。国内也已研制了相关的软件,也将投入应用,武汉大学的PANDA软件是其中的优秀代表。

  在地震预报研究中,从地壳形变数据处理得到地壳形变的时间序列和空间分布,获取异常或前兆信息,据此进一步研究预报方法、形变机理或模型等。在地震预测研究中采用的数据处理方法和模型极为繁多,有待在实践中得到检验。至今大地震前的地壳形变观测结果仍然很有限,而原始观测结果是最真实的,是分析研究的重点。为此所采用的基础理论和方法是成熟的。例如,分析GPS观测站离散点的位移和应变量时间序列和空间分布,从中寻找地震的地壳运动前兆或异常是最可靠的。利用离散点结果,再采用曲面或曲线拟合分析、特别是调和函数逼近分析、统计分析和模型分析等方法,突出异常的变化区域、频谱范围、时间段和变化的基本特征等。在众多的形变量中,位移场和水平应变场是地壳形变分析2个最主要的方面。

2. 位移和应变分析

  尽管GPS等是3维空间测量,但由于水平形变和垂直形变规律不同,通常将得到的地面3维形变分解为以椭球面为参考面的1维垂直形变和2维的水平形变,且同时获取水平位移和水平应变。而除了地下的3维测量,地面的3维测量(如GPS观测)只能作水平应变分析,还可同时获得所有的水平应变分量。3个GPS观测站即构成最基本的水平应变观测,所组成的三角形越接近于等边三角形,越有利于进行应变观测。

以GPS为代表的大地形变测量数据处理结果分析中,位移场分析的基础理论是自由网平差,最基本的方法是相似变换,最主要的结果之一是区域框架的位移。位移场是多解的,各自对应不同的参考框架,其中有的解相互差别显著,特别是水平位移,在一些地区差别更为显著,对结果的解释也会有显著差别。全球参考框架是任何GPS数据处理必需的,也是研究全球地壳运动的一种参考框架,全球板块运动模型是全球参考框架的元素之一。区域参考框架更适合于解释区域地壳运动,得到广泛的应用。即使是采用扣除区域欧拉向量得到的区域框架位移场,本质上也是采用球面上的水平位移相似变换。同其他参考框架解不同的是,区域参考框架位移时间序列解清楚地显示,同震水平位移是震前位移的弹性回跳,也由此证明地震地壳运动前兆的存在。

水平位移场可清楚地显示板块或块体间的相互作用,有助于研究大地震的成因和解释地震前后的地壳运

GPS——地震预测利器

动现象。

由水平位移得到的水平应变,反映地壳运动中不同区域水平形变的差异和应力作用状况,特别是剪切应变与地震断层破裂直接有关,在地震分析预报中有特殊的重大意义。应变计算必须采用某种参考面,而平面、球面和椭球面上应变计算方法的导数的表达式是完全一致的,在采用实际数据求得导数的近似值时,总体上结果也是一致的,计算应变的站点范围越小,3种不同方法计算结果越趋一致,但计算的便捷程度和局部结果会有差别。GPS数据处理结果一般直接得到以椭球面为参考面的结果,利用椭球面作应变计算是最便捷的,省去将计算结果变换到平面或球面。

GPS时间序列分析得到一个重要的普遍现象是垂直位移的年周期变化,这对观测结果的分析增加了复杂因素,而其原因仍难以解释。由于水平形变和垂直形变规律不同,采用各自的区域参考框架,将它们分别处理和分析是合理的。

3. 干扰与形变模型研究

干扰是地壳形变资料分析中的一大难题,其中最为严重的是因大量抽地下水引起的大幅度地面沉降。GPS观测得到的垂直位移表明,我国东部发达地区此问题日趋严重,影响范围日益扩大。抽地下水引起的地面大幅度沉降幅度大，因而较容易识别，但由于变化规律不定，尚无法定量分析其影响，只能在分析中将有关区域排除在外。

GPS观测结果表明，同地壳垂直构造运动相比，地壳水平运动是主导的运动。在分析研究地壳运动和地震发生关系时，板块运动模型是十分有用的宏观模型，特别有利于分析大范围的GPS观测结果。

理论模型有助于解释复杂现象的机理，但都只是复杂的实际现象不同程度的近似。利用各种位错模型，可由同震形变得到地震断层运动的基本形态和参数，也可研究近震中震后地壳运动。总的来说，位错模型是地壳形变研究中最成功的一种模型。但即便采用位错模型，一些特殊的变化，如个别站点的同震位移，还难以从理论模型得到解释，因而有可能是发展和完善模型最值得的关注点。至今尚未找到恰当的定量理论模型描述震前地壳运动。

三、地壳形变前兆研究

相对于观测技术的巨大进步，机遇难得是地震前兆观测研究最大的难点。只有采用适当的观测技术和观测网，在恰当的时期和区域，开展较大范围、较长时间的观测，采用合理的数据处理方法，获取地壳形变时空观

GPS——地震预测利器

分布特点和规律,才能识别地震地壳形变异常或前兆,研究地震预报。

1. 地震预报初尝成功、多次失败到"地震不可预报论"

从邢台地震后到1998年,我国曾发生1975年海城和1976年唐山等大地震。水准测量地壳垂直形变曾为海城地震的成功预报作出了一定的贡献。尽管唐山地震预报的失败对地震预报研究是一次沉重的打击,但地震前还是积累了一些前兆地壳运动观测结果,包括大面积水准测量和地形变连续观测结果。这一时期的地壳形变测量为我国探索地震预报作了初步且有益的尝试。

美日等国发生的7级左右大地震前,相当密集的GPS连续观测站未发现地壳运动前兆,更无预报,"地震不可预报论"出笼。美日的GPS观测未能在地震预报中发挥作用,据此有人推断,中国的GPS观测则更不可能发挥作用。当然,人们不仅仅疑虑GPS实际能达到的精度能否测得前兆,甚至从根本上怀疑地震孕育过程中是否存在地壳运动前兆。2008年5月12日我国汶川8级大地震预报的失败和2011年3月11日东日本9级大地震预报的失败,投资可观的GPS观测简直成了地震监测预报中最失败的观测技术,似乎宣告实现地震预报希望的彻底破灭。

2. GPS在地震前兆探索中的唯一和第一

汶川8级大地震和东日本9级大地震前后对GPS观测结果的分析证明,大地震是有地壳运动前兆的,是可以预报的。

汶川8级大地震发生在中国地壳运动观测网络1000个GPS观测站的区域网内中部南北地震带上,沿此带布设了相当密集的观测站。汶川大地震前,区域网分别在1999、2001、2004和2007年作了4次观测,每次观测持续近半年,每站至少连续观测4天。中国大陆25个基准站及周边数个GPS观测站震前有近10年的GPS连续观测。四川省地震局等还在震中附近布设了GPS连续观测站,并在震前就有数月的观测。所有这些GPS观测为研究此次地震前的地壳运动提供了极其丰富的资料。

2008年初汶川大地震前中国内地西部的基准站水平位移时间序列异常明显,且范围大。

区域网2007年GPS观测数据处理在汶川地震前已完成。地震10天后获得了此数据处理结果;在得到数据处理结果后3天内,通过进一步处理,利用趋势面分析获得了汶川大地震前震中附近中国内地唯一的大范围第一剪应变异常区。第一剪应变表示,N45°E方向上的左旋剪切或N45°W方向上的右旋剪切,或南北挤压与东西张。此后的研究进一步表明,观测结果清晰显示汶川大地震前应变异常时空发展过程:2004年异常明显显现;此后异常范围逐渐扩大,到2007年最大范围达近百万平方千米,涉及区域网1000个站中的近三分之一的观测站;异常幅度逐渐增大,第一剪应变异常幅度最大达6×10^{-7}。2010年底采用趋势面分析方法,重新分析了区域网多期垂直位移结果,研究表明,2004年也开始明显显现汶川地震前震中周围垂直位移异常。

GPS单历元解数据处理曾获得了多个大地震的地震波观测结果。2009年初利用汶川地震震中附近4个GPS连续观测站的观测资料,用BERNESE软件计算了30s采样率的单历元解。单历元解表明,汶川大地震前1小时内3个站的垂直位移出现大幅度的下沉,离震中36km的PIXI站下沉达300mm。至今唯有GPS可测得此种快速大幅度垂直位移异常变化。

远场同震位移,特别是同震水平位移,是早就为GPS观测到的伴随大地震发生的一种确凿的地壳运动。中国内地区域参考框架下基准站位移时间序列中的同震水平位移及震前位移的对比表明,汶川地震同震水平位移是震前位移的弹性回跳,由此证明震前的水平位移异常是此次地震的地壳运动前兆。采用区域参考框架的水平位移时间序列是取得此认识的关键。

此外,GPS还观测到了此次地震前大范围电离层TEC短临异常。

汶川大地震的GPS观测在地震前兆监测历史上创

造了多项唯一和第一。GPS是唯一观测到自1999年后到汶川8级大地震前,长、中、短临可靠地壳形变异常的观测手段。汶川大地震则是第一个由GPS观测到前长、中、短临地壳形变异常的8级大地震。这些异常从不同方面提供地震发生的地点、震级和发震时间的信息。

3. 东日本9级大地震是GPS探索地震前兆又一次难得机遇

东日本9级大地震未发生在日本1200多站GPS连续观测网的内部,震中离日本最近的GPS连续观测站仅100km左右。尽管无法获得此网的观测结果,但在远场,不仅在日本,还在中国内地、韩国和中亚,GPS观测到了此次大地震同震水平位移。此次大地震的同震水平位移也是震前位移的弹性回跳,由此证明,震前存在地壳运动前兆。中国内地和中亚的异常在震前就已分析得到,当然仅据此是无法作预报的。此次观测结果是检验汶川大地震前后GPS连续观测得到的地壳水平运动现象的一次及时且难得的机会。

此外此次地震前GPS也观测得到电离层TEC短临异常。

2次大地震前后的地壳运动观测结果表明,地壳水平运动不仅幅度明显,而且涉及范围广,板块水平运动是地震的成因。

已有的观测结果,包括地形变连续观测站和GPS观测结果表明,大地震前后一些观测站的形变或位移过程和岩石破裂试验观测得到的岩石破裂前后的形变过程相似。这为地震预报中地壳形变前兆的演化过程的研究和形变观测时间序列分析提供实验依据和启示。

四、结束语

作为一名从事形变测量的地震工作者,直接参与和见证了我国地形变测量和地震预报事业曲折的发展历程,亲身经历了唐山和汶川等大地震前的预报和分析研究,长期亲历了GPS观测和数据处理研究,且在震后做了大量研究。尽管地震预报遭遇了严重的挫折,但地震预报探索中遭受的失败不等于观测的失败,更不意味地形变观测探索前兆的终结。

(1) GNSS依然是地震监测预报的主要观测技术之一

汶川大地震前GPS观测得的多项异常或前兆确凿可靠,是我国地壳形变观测与地震前兆探索最突出的成果。地壳形变观测仍应是地震预报的主要监测手段,应该在地震监测预报中进一步发展GNSS观测和相关的研究。充分利用已有的GNSS连续观测站,逐步增加观测站密度是我国地震预报事业发展的主要问题之一。

(2) 注重原始观测结果的基础研究

数据处理和分析始终是地震预报必须重视的关键环节。真实的地震前兆信息都首先来自原始观测结果的分析。地震预报研究综合了多个学科,其基本理论和方法的正确性是毋庸置疑的,在地震预报中主要问题在于正确应用这些理论和方法,进一步推进各学科观测结果和分析研究方法的融合。

(3) 坚持长期潜心研究,突破地震预报

大地震灾害巨大,突破地震预报是迫切的社会需求。在监测和研究的同时,有可能实现不同程度的预报,也是地震预报工作者应尽的责任。大地震孕育范围大,形变量相对较小,但大地震发生概率更小,加之观测上的各种问题,前兆观测研究的机会极为难得。获取不同类型和不同震级大地震孕育过程中完整的时空变化,是地震工作者的理想。由此可见,地震预报研究仍是长期和艰难的。利用我国独特而有利于地震前兆观测的构造环境,地震预报仍有可能首先在中国取得突破。

参考文献(略)

致谢:本项目得到中国地震局老专家科研基金课题资助。

海啸与地震

陈运泰

一、海啸
二、地震海啸
三、海啸地震
四、海啸预警
五、预防和减轻地震与海啸灾害

【作者简介】陈运泰,地球物理学家。1940年生于福建厦门,原籍广东潮阳。1962年毕业于北京大学地球物理系,1966年研究生毕业于中国科学院地球物理研究所。历任中国科学院地球物理研究所震源物理研究室主任、国家地震局地球物理研究所所长、北京大学地球与空间科学学院院长、国际大地测量学和地球物理学联合会(IUGG)中国国家委员会主席、IUGG执行局委员、亚洲与大洋洲地球科学协会(AOGS)执行局委员与固体地球分会主席、中国科学院地学部常务委员会副主任、中国科学院咨询委员会副主任、中国科学技术协会第七、第八届全国委员会常务委员会委员。现任中国地震局地球物理研究所名誉所长、北京大学地球与空间科学学院名誉院长、中国科学技术协会全国委员会荣誉委员、中国科学院学部主席团成员、中国地震学会理事长、中国人民政治协商会议第十一届全国委员会委员、国际数字地球学会(ISDE)执委会国际成员、国际《地震学刊》(Journal of Seismology)、《国际地球物理杂志》(International Journal of Geophysics)、《中国科学》、《科技导报》、《科学》编委,《地震学报》、国际《地震科学》(Earthquake Science)、《世界地震译丛》主编,《地球物理学报》副主编等职。主要从事地震波与震源的理论与应用研究,发表科学论著200余篇(部)。他在地震破裂动力学的理论(地震震源及地震序列的模拟)与应用(震源破裂过程反演及天然与地下核爆炸等人为地震的近震源观测)的研究成果增进了对地震破裂过程时空复杂性的认识,并在减轻地震灾害的实践中得到了一些成功的应用。研究成果获全国科学大会奖(1978)、卢森堡大公勋章(1987)、国家自然科学三等奖

(1987年)、国家科技进步三等奖(1998年)、"何梁何利"基金科学与技术进步奖(2000年)、美国地球物理联合会(American Geophysical Union)国际奖(International Award)(2010)等多项奖励。1991年当选中国科学院学部委员(院士)。1999年当选发展中国家科学院(TWAS)院士。

海啸与地震

2004年12月26日,印度尼西亚苏门答腊北部以西近海的海底发生了"矩震级"M_W为9.1的特大地震(图1a)。这次地震的震级最初定为$M_W 9.0$,经过反复修订,最新的结果是$M_W 9.1$,可以说是自1900年以来、也可以说是从1889年人类第一次用现代地震仪记录到远震信号以来记录到的、震级排行第三的大地震(表1)。这次地震激发了印度洋特大海啸,造成了印尼、斯里兰卡、印度、泰国、孟加拉、马尔代夫、毛里求斯等十余个印度洋沿岸国家或岛国的重大损失。截止至2005年2月23日的统计,已有227898人在这次特大地震及其激发的、有史以来最严重的大海啸灾难中丧生或失踪。特大地震与灾难性的特大海啸使1126900人顿失家园,使受灾国的经济遭受惨重损失。时隔3个月,当世界还没有完全从这次特大地震和灾难性特大海啸造成的悲痛的阴影走出来的时候,还是在苏门答腊岛北部,在$M_W 9.1$地震(现在称为"苏门答腊北部以西近海特大地震"或"苏门答腊—安达曼特大地震")震中东南与其相距约200千米的地方,于2005年3月28日又发生了$M_W 8.7$的特大地震(表2,图1a)。侥幸逃过2004年年底大灾难的地震灾区人民,又有1300余人死于地震。所幸$M_W 8.7$地震(现在称为"苏门答腊北部特大地震")没有像$M_W 9.1$地震那样激发起巨大的海啸。2004年12月26日苏门答腊—安达曼特大地震及其引发的印度洋特大海啸余悸未消,2011年3月11

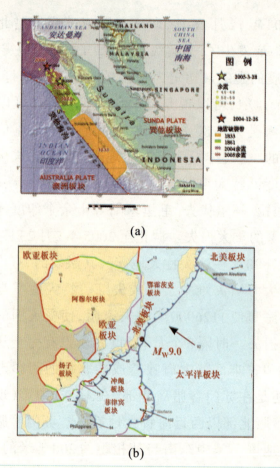

▲ 图 1 （a）2004 年 12 月 26 日印度尼西亚苏门答腊—安达曼 $M_W 9.0$ 特大地震（红色星号）与 2005 年 3 月 28 日 $M_W 8.7$ 特大地震（黄色星号）震中及历史地震破裂带分布图。这两次特大地震是印度板块－澳洲板块以大约 61 毫米/年的速率朝着缅甸微板块向北北东方向俯冲的结果。（b）2011 年 3 月 11 日日本东北部 $M_W 9.1$ 特大地震震中及板块构造运动图。图中箭杆为红色的黑色箭头表示 2011 年 3 月 11 日日本东北部 $M_W 9.0$ 特大地震是太平洋板块以大约 92 毫米/年的速率朝着鄂霍茨克板块（近年来地球科学家将它从北美板块单独划分出来的小板块）向北西方向俯冲的结果。

海啸与地震

日在日本东北部发生了震级与1952年11月4日堪察加 $M_w9.0$ 特大地震并列第四的特大地震（如表2所示，美国哈佛大学将其震级定为 $M_w9.1$。如果最后落实为 $M_w9.1$，则就得与2004年12月26日苏门答腊—安达曼特大地震并列第三了）。这次特大地震引发了特大海啸。据官方统计，截止至2012年3月10日已有19009人死亡和失踪（15854人死亡，3155人失踪），数万人受伤，332395房屋倒塌。不但如此，受 $M_w9.0$ 地震影响，日本福岛县的福岛第一核电站发生放射性物质泄漏和氢气爆炸，令多人受到核辐射。

　　海啸究竟是怎么一回事？海啸与地震有什么关系？2004年12月26日苏门答腊—安达曼 $M_w9.1$ 特大地震与2005年3月28日 $M_w8.7$ 的特大地震，两次特大地震震中位置相近，为什么一个产生了灾难性的大海啸，而另一个激发的海啸却很小？日本是一个多地震、多海啸的国家，是地震、海啸历史记载时间最长、记载最详尽的国家之一，也是对地震、海啸的研究最先进的国家之一。日本的地震监测台网密集，监测手段（地震，大地测量，GPS，InSAR等监测手段）全面，对地震预测研究开展得早、规模大、工作系统。日本对防灾减灾工作十分重视、国民的防灾减灾意识强，防灾减灾教育广泛深入，又是地震、海啸预警系统运行最早（2007）的国家（地区）之一。既然如此，为什么在2011年3月11日日本东北

表1 1900年以来全球 $M_w \geq 8.5$ 大地震目录
（截止至2012年4月11日）

编号	地点	日期(UTC) 年-月-日	震级 M_w	纬度	经度
1	智利	1960-05-22	9.5	-38.29	-73.05
2	阿拉斯加	1964-03-28	9.2	61.02	-147.65
3	印尼苏门答腊岛北部以西近海	2004-12-26	9.1	3.30	95.78
4	日本东北部	2011-03-11	9.0	38.322	142.369
5	堪察加	1952-11-04	9.0	52.76	160.06
6	智利	2010-02-27	8.8	-35.846	-72.719
7	厄瓜多尔近海	1906-01-31	8.8	1.0	-81.5
8	阿拉斯加雷特岛	1965-02-04	8.7	51.21	178.50
9	印尼苏门答腊岛北部	2005-03-28	8.6	2.08	97.01
10	中国西藏察隅	1950-08-15	8.6	28.5	96.5
11	印尼苏门答腊岛北部以西近海	2012-04-11	8.6	2.311	93.063
12	阿拉斯加安德列诺夫岛	1957-03-09	8.6	51.56	-175.39
13	印尼苏门答腊岛南部	2007-09-12	8.5	-4.438	101.367
14	印尼班达海	1938-02-01	8.5	-5.05	131.62
15	堪察加	1923-02-03	8.5	54.0	161.0
16	智利—阿根廷边界	1922-11-11	8.5	-28.55	-70.50
17	千岛群岛	1963-10-13	8.5	44.9	149.6

注：① 据美国地质调查局(USGS)国家地震信息中心(NEIC)。② UTC：协调世界时。③ 纬度、经度正号表示北纬、东经，负号表示南纬、西经。

海啸与地震

M_W9.0地震及其引发的海啸与核泄漏灾难中,仍然蒙受巨大的人员伤亡和财产损失?人类应当如何面对海啸灾害?等等。针对这些问题,下面将以上述三个地震为例,对地震、海啸以及预防和减轻地震、海啸灾害等问题做一简要介绍。

1. 海啸的成因

海啸(tsunami)是一种巨大的海浪。海底大规模的、突然的上下变动,包括海底火山喷发、海底或海岸滑坡、崩塌、滑塌、陨星或彗星的撞击以及海底地震都会激发海啸。但是在激发海啸的诸多原因中,最主要的原因还是海底的地震,特别是以沿着断层面上下错动为其特征的"倾滑型"地震。海底大规模的、突然的上下变动,会使大范围的海水从海面直至海底受到扰动,扰动以波动的形式向四面八方传播,这就是海啸[图2(a)—2(d)]。海啸在大洋中传播时速度非常快,达200～250米/秒,也就是720～900千米/小时,相当于喷气式飞机的速度。在大洋中,海啸的浪高通常是几十厘米至1米左右,比风暴潮(浪高通常大约是7～8米)小得多。例如,杰森1号(Jason 1)测高卫星在印尼苏门答腊—安达曼M_W9.0特大地震之后2小时零5分钟巧遇印度洋大海啸,记录到该

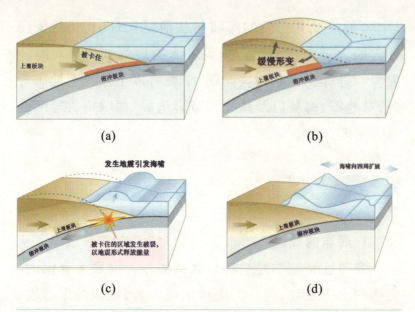

▲ 图2　地震与海啸是如何发生的。(a) 在板块汇聚带,一个板块("俯冲板块")俯冲到另一个板块("上覆板块")下方。(b) 当俯冲板块的运动受阻、在某处被卡住时,应力便逐渐在岩石中积累起来,并且伴随着地面的缓慢形变(上升与下降)。(c) 当在岩石中积累起来的应力增高到岩石再也承受不了的程度时被卡住的区域便发生破裂,以地震形式释放能量。地震时,破裂面("断层面")两边的岩石回跳(反弹)回平衡位置;与此同时,海底大规模的、突然的上下变动引发海啸。(d) 海啸向四面八方传播。

海啸周期长达37分钟,而"双振幅"(波峰至波谷的幅度)仅约1.2米(图3)。海啸在大海中传播时犹如千军万马在夜间衔枚疾走。在远洋航行的船只,时有与海啸相遇的经历。当船只在大海中与海啸相遇时,船只可悠然穿过海啸,绝无安全之虞。但是,当海啸靠近海岸、特别是进入海港时(因此海啸在日语中借用汉字写作"津波"、

海啸与地震

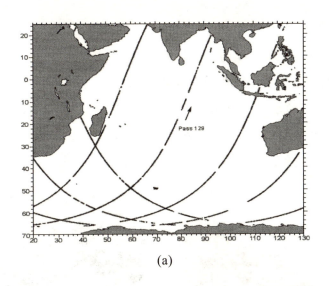

(a)

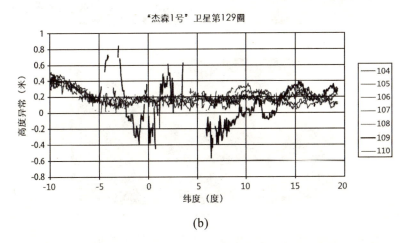

(b)

▲ 图3 (a) 杰森1号(Jason 1)测高卫星在印尼苏门答腊－安达曼 M_W9.1 特大地震之后 2 小时 05 分巧遇印度洋大海啸；(b) 海啸周期约 37 分钟，"双振幅"（波峰至波谷的幅度）约 1.2 米。

"津浪";在英语中按日语"津波"的读法写作tsunami,亦称作harbor wave,均为"海港中的波"之意),速度减慢,波浪迅疾攀升,浪高可达数十米,犹如大海顿时竖立(因此海啸在汉语中亦称为"海立"),像一堵高大的水墙一样冲向岸上,所向披靡,将海岸扫荡一空,造成巨大的伤亡和损失(图4)。

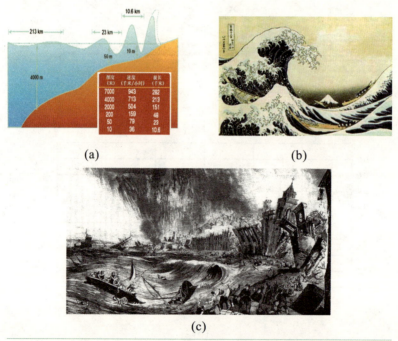

▲图4 (a)海啸的波长、传播速度随海水深度变化示意图。当海啸靠近海岸时,海水深度变浅,海啸传播速度减慢、波长变短、波浪幅度迅疾增大。(b)日本江户时代著名的浮世绘画家葛飾北齋(Katsushika Hokusai, 1760—1849)所绘的"富嶽三十六景"之一的"神奈川冲浪里"的海啸。(c)版画家制作的铜版画生动描绘了1755年11月1日葡萄牙里斯本大地震引发的海啸席卷北塔古斯河(North Tagus River)河岸。

2. 海啸的特点

海啸与风暴潮和在海边每天都可以观看到的海浪一样,都是所谓的"重力波"[图5(a)],也就是以重力为恢复力所产生的波。重力有使海洋从受到扰动的状态恢复到未受扰动的状态的倾向。在重力波传播过程中,重力起着使能量以波动的形式从其相对过剩的区域传递到相对不足区域的作用。

海啸常被误称为"潮汐波"(tidal wave)。其实,海啸与潮汐是两码事。海洋潮汐是日、月等天体的引力引起的海洋的波动,而海啸[图5(b)]则与平常的海浪和风暴潮[图5(c)]一样,同属"重力(表)面波",即海水质点运动的振幅随深度衰减的重力波。

虽然海啸与平常的海浪和风暴潮一样都是重力表面波,但是它与海浪和风暴潮又有明显的不同:

(1) 成因不同。平常的海浪或风暴潮是由海面上刮风或风暴引起的,而海啸大多数是由海底的突然上下变动引起的,两者的成因不同。

(2) 周期、波长不同。海啸的周期长达200~2000秒,是长周期重力波(长波),波长长达10~100千米;而风暴潮的周期只有6~10秒,是短周期重力波(短波),波长数量级约100米。虽然两者同属重力表面波,平常的海浪或风暴潮由于波长(数量级约100米)比海水的深度(数量级约1千米)小得多,所以是一种"深水波"[图5(c)],

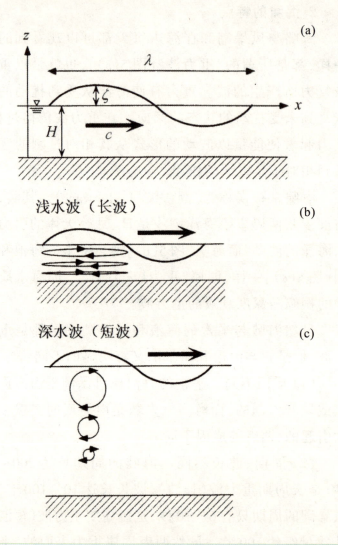

▲图5 重力波在海洋中的传播示意图。(a) 波长为λ、波浪高度为ζ的重力波以相速度c在水深为H的海洋中沿x方向传播;(b)"浅水波"(长周期重力波);(c)"深水波"(短周期重力波)。

海啸与地震

海水质点的运动只限于在距深海大洋的表面数量级约100米的深度范围内传播。海水质点在垂直于海面的平面上运动,呈前进的圆形;振幅随深度很快地衰减,到了大约半波长、即数量级约100米的深度即衰减殆尽[图5(c)]。尽管海面上波涛汹涌,潜没在水下的潜艇却岿然不为之所动就是这个道理。同样道理,安置在海面的压强计可以记录下几乎无时不在的高达数米的海浪,但不易检测出振幅比一般的海浪小、因而被淹没在一般的海浪信号中的海啸(甚而是大海啸)信号[例如印度洋特大海啸"双振幅"仅1.2米,参见图3(b)];因此,不但在海面上,而且在深海海底,都应安置压强计,才有可能有效地监测海啸的发生与传播。与平常的海浪和风暴潮不同,海啸[图5(b)]的波长(约10~100千米)比海水的深度(约数千米)大得多,水深达数千米的海洋,对于波长10~100千米的海啸,犹如一池浅水,所以海啸作为一种长周期重力表面波是一种"浅水波"。当它在海洋中传播时,振幅随深度衰减很慢,慢到几乎没有什么衰减的程度;并且,海水质点在垂直方向的运动幅度比在水平方向的运动幅度小得多,呈极扁的前进的椭圆形,扁到几乎退化为一条直线,以至整个海洋,从海面直至海底的海水质点,同步地沿水平方向往复地运动,携带着大量的能量袭向海岸[图5(b)]。

(3) 传播速度不同。海啸是一种长周期的重力波,它的高频截止频率是0.01～0.02赫兹,也就是周期50～100秒。它的传播速度很大,如前所述,达200～250米/秒,大约是平常海浪波速的15倍。海啸高达200～250米/秒的传播速度以及海啸波的振幅随深度几乎没有什么衰减,说明了为什么海啸具有异乎寻常的破坏力。

在水深为H的海洋中,重力波传播的相速度c为

$$c=\sqrt{gH} \cdot \sqrt{\frac{\tanh kH}{kH}}, \tag{1}$$

式中$k=2\pi/\lambda$是波数,λ是波长,g是重力加速度,tanh是双曲正切函数。图6是海水深度H分别为2,4,6千米时重力波传播的频散曲线。"频散"在物理学中称为"色散",指的是波的传播速度(相速度或群速度)随周期(或频率)变化。海啸即长周期的重力波。当海啸波的周期数量级为100～1000秒时、也就是波长λ比海水的深度H大得多时($\lambda \gg H$),作为一种长周期的重力波("浅水波")海啸波是没有频散的。此时,式(1)简化为(图6)

$$c=u=\sqrt{gH}, \tag{2}$$

式中u是群速度。

普通的海浪是一种短周期的重力波。当周期数量级为10秒时,也就是周期很短、波长λ比海水的深度H小得多时($\lambda \ll H$),式(1)简化为(图6):

$$c=2u=\sqrt{\frac{\lambda g}{2\pi}}。 \tag{3}$$

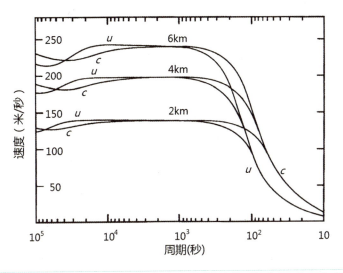

▲ 图6 按照球形均匀地球模型计算得到的、海水深度 H 分别为 2, 4, 6 千米时重力波的频散曲线。c 与 u 分别表示相速度与群速度。

上式表示作为一种短周期的重力波("深水波"),普通的海浪是频散的面波,其相速度 c 是群速度 u 的两倍,它们都与波长 λ 的平方根成正比(图6)。

(4) 激发的难易程度不同。普通的海浪或风暴潮是由海面上刮风或风暴引起的,容易被风或风暴所激发。而大多数海啸是由海底地震产生的,海底地震激发海啸的能力随震源深度和频率的增加而急剧衰减。所以在震源深度相同的情况下,频率是一个最重要的特征量,它决定了地震激发海啸的效能。在固态的地球内部,决定地震激发海啸效能的"本征函数"的振幅很小,对于震源深度大于 60 千米的地震,本征函数的振幅仅仅分别是

表面位移的 10^{-3}（当周期约为 10^3 秒时）, 10^{-5}（当周期约为 10^2 秒时）, 甚而是 10^{-7}（当周期约为 50 秒时）。这就是说，震源深度大于 60 千米的地震, 只能激发长周期的海啸。只有周期特别长的、极其大的地震, 在极其有利的条件下才能激发起灾害性的大海啸。这点已为大量的历史上有关海啸的记载以及近代的海啸观测资料所证实。

3. 海啸灾害

大海啸是一种频度极低、在原地重复发生的时间远大于人的寿命的自然灾害。根据 1900 年以来的统计, 地球上平均每年大约发生 1 次 8 级或 8 级以上的特大地震, 而在 10 次 8 级或 8 级以上的特大地震中, 大约只有一次是发生在海底同时又激发起海啸的。中等大小的地震即震级 6.5 左右的地震有可能激发出波浪振幅只有几厘米、在深海海面上可以用现代的压强计记录下来的小规模的海啸。小规模海啸的年发生率是每年若干次；较大规模海啸的年发生率则是大约一年一次。对于诸如特大地震、特大海啸这些频度极低、在原地重复发生的时间远大于人的寿命的自然灾害来说, 人们很容易掉以轻心。例如, 就印度洋北部来说, 历史上只有过 6 次有关海啸的记载, 包括公元前 326 年亚历山大大帝统率的军队遭遇到该地区迄今最早有记载的海啸以及公元 1008 年 4 月 1 日至 5 月 9 日由当地地震激发的伊朗海岸的海啸,

海啸与地震

1883年8月27日由印尼克拉喀托亚（Krakatoa）火山喷发激发的海啸，1884年由孟加拉湾西部地震激发的海啸，1941年6月26日由安达曼海8.1级地震激发的海啸，1945年11月27日卡拉奇以南70千米的$8\frac{1}{4}$级地震激发的海啸。中国、印度、印尼、日本、菲律宾、美国东海岸、非洲科特迪瓦（旧称"象牙海岸"）乃至欧洲，有史以来都是遭受过多次海啸袭击的地区（图7）。实际上，在众多的自

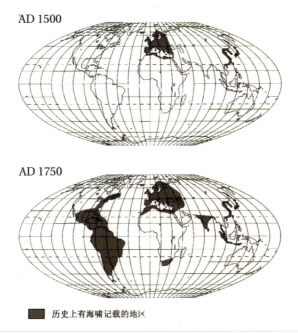

■ 历史上有海啸记载的地区

▲图7 历史上有海啸记载的地区，图中显示中国、印度、印尼、日本、菲律宾、美国东海岸、非洲科特迪瓦（旧称"象牙海岸"）乃至欧洲都是历史上遭受过多次海啸袭击的地区。上图：公元1500年以前历史上有海啸记载的地区。下图：公元1750年以前历史上有海啸记载的地区

169

然灾害中,海啸作为一种发生频度极低的、发生概率极小的事件,它的危险性显然是被大大低估了。如同在下面将要提到的,倘若印度洋沿岸各国在2004年印度洋特大海啸之前能与太平洋沿岸国家一样建立起海啸预警系统,那么苏门答腊—安达曼特大地震引起的印度洋特大海啸决不致造成如此巨大的人员伤亡和财产损失。

二、地震海啸

地震海啸(earthquake-generated tsunami)系指地震激发(产生)的海啸。通过对海啸特点的分析,便不难理解究竟是哪些因素在影响地震激发海啸。影响地震激发海啸的主要因素有:(1)地震的大小(以地震矩 M_0 或矩震级 M_W 量度);(2)地震机制;(3)震源深度;(4)震源破裂过程。

1. 地震矩

天然地震是由地下岩石的突然错断所产生的。所以,地震的大小与断层面的面积、断层面两侧岩石相对错动的距离、介质的刚性系数有关。通常以"地震矩"或"矩震级" M_W 量度地震的大小。地震矩 M_0 定义为:

$$M_0=\mu AD, \tag{4}$$

式中 A 是断层面的面积,D 是断层面上的平均位错(断层错动的距离），μ 是介质的刚性系数。相应地，"矩震级" M_W 定义为：

$$M_W = \frac{2}{3} \lg M_0 - 6.06, \qquad (5)$$

式中 M_0 以牛顿·米为单位。如上式所示，矩震级是由地震矩计算得出的。当 $M_W < 7.25$ 时，矩震级 M_W 的测量结果与用面波测量的震级（称为"面波震级"）M_S 的测量结果基本一致；但当 $M_W > 7.25$ 时，面波震级 M_S 开始出现"饱和"，也就是测量出的面波震级 M_S 低于能反映地震真实大小的矩震级 M_W；而当 $M_W = 8.0 \sim 8.5$ 时，M_S 达到完全饱和，也就是此时无论 M_W 如何增大，测量出的面波震级 M_S 不再跟着增大。所以，当测定大地震的震级时，如果采用 M_W 以外的其他震级标度，则会由于震级饱和而低估地震的震级，从而导致对该地震是否会激发海啸的错误判断。因此，无论是从海啸预警的角度，还是从监测与研究地震活动的角度，都应测量地震矩［式（4）］或与其相当的、由地震矩计算得出的矩震级［式（5）］。很明显，当 $6.5 \leq M_W \leq 9.5$ 时，M_0 的变化跨越 5 个数量级，从 6.3×10^{18} 牛顿·米变化到 2.0×10^{23} 牛顿·米；所以，在其他条件一样的情况下，震级越大所激发的海啸越大；只不过不同大小的地震所激发的海啸在强度上的差别可以非常悬殊。

2. 震源机制

表征地震震源机制的参数是断层面的走向（断层面和地面的交线与正北方向N的夹角）ϕ、倾角（断层面与地面的夹角）δ 和滑动角 λ。滑动角 λ 指的是滑动矢量 e（断层的"上盘"相对于"下盘"滑动的方向）与断层面走向的夹角，以逆时针为正（图8）。一般而言，纯走滑断层（指 $\lambda = 0°$ 或 $180°$ 的断层）不容易激发海啸；纯倾滑断层（指 $\lambda = 90°$ 或 $270°$ 的断层）比纯走滑断层更容易激发海啸。

但是，这并不是说，走滑断层就绝对不会激发海啸。一个位于海底的纯走滑断层一样会产生海底的隆升和下降。它所引起的海底隆升和下降的幅度虽然不及强度相同的纯倾滑断层，但仍有可能激发海啸。理论

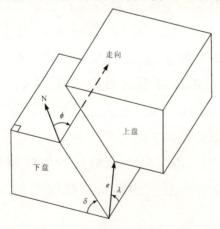

▲ 图8 地震断层。图中表示断层面的走向 ϕ、倾向（定义为 $\phi+90°$）、倾角 δ、断层的上盘、下盘、滑动矢量 e、滑动角 λ

计算与分析表明,在其他条件一样的情况下,一个纯倾滑断层所引起的地面隆升和下降大约是纯走滑断层的4倍,它所激发的海啸浪高也大约是4倍。

3. 震源深度

震源深度对于激发海啸的重要性似乎不言自明。不过,需要特别指出的是,通常说的震源深度指的是震源初始破裂点的深度,人们常忽略对于海啸预警至关重要的参数应当是"矩心矩张量"(地震时释放的"地震矩张量"的"矩心")的深度。很自然地,深源地震不如浅源地震、特别是断层面出露到海底的地震易于激发海啸。实际上,在其他条件相同的情况下,在震中距2000千米范围内,震源深度大的地震引起的海啸浪高只有震源深度浅的地震激发的海啸的几分之一;不过,当震中距超过2000千米以后,震源深度对于海啸浪高的影响就微乎其微了。

4. 震源破裂过程

地震的震源并不是几何上的一个点,它是有一定形状和大小的。例如,地震断层的长度可以小到数米(相当于$M_W \approx 0$的地震),大到数百千米(相当于$M_W \approx 8$的特大地震)。有限大小的震源所激发的海啸与点源所激发的海啸的主要差别是在短周期方面。因此迄今在许多工作中，特别是在海啸预警中，仍然广泛采用"点源矩张量"模型来计算海啸。然而，苏门答腊—安达曼 $M_w9.1$ 特大地震及其所激发的特大海啸表明，至少对于特别大的地震及其激发的海啸，地震破裂的动态过程、特别是破裂的方向性，对于海啸能量传播有着不可忽略的影响。2004年12月26日苏门答腊—安达曼特大地震破裂过程的分析表明，这次地震总体上是从南南东方向朝北北西方向的单侧破裂，这一破裂扩展方式导致了地震波能量以及海啸能量在北北西方向的聚焦，即所谓的"地震多普勒(Doppler)效应"，造成了印度洋北部的巨大损失。倘若这次特大地震的破裂方向是反过来朝南扩展的话，班达亚齐与泰国这些地区或国家的损失就不致这么大；不过，这样一来，苏门答腊—安达曼南部的损失可能就会大得多。

三、海啸地震

为什么有的大地震能激发大海啸、甚而能激发异常大的海啸[称为"异常海啸地震"(anomalous tsunami earthquake)]，有的则不能？这涉及"能激发海啸的地震"，简称"海啸地震"(tsunamigenic earthquake)的机制问题。有人认为，导致这一巨大差别的原因是能激发海啸的地震，其震源破裂过程特别缓慢，震源破裂持续时间特别长。有人则认为,有些大地震能激发大海啸是因为这些地震是发生在俯冲带的上复板块增生的楔形端部上,其深度浅,刚性系数亦小;而通常的板间地震则是发生在深度较大(约10～40千米)的地方。所以前者能激发起大的海啸,而且由于介质刚性系数小,所以相对而言其地震矩也较小。还有人则认为,一般而言,地震越大,所激发的海啸越大,这点并无问题;产生上述差别或矛盾是因为不恰当地运用了面波震级 M_S 来衡量地震的大小,而面波震级 M_S 在矩震级 M_W8.7时就已达到完全饱和。运用简正振型理论通过计算可以得出,在某些几何条件下,位于浅的沉积层中的地震震源有可能比位于固态地球中的地震震源激发出大得多的海啸。通过波形模拟可以得出,在靠近海沟的地方,海底地形起伏的程度("粗糙度")与大地震海啸的发生有关。这些研究结果表明,浅的俯冲板块的沉积层中的缓慢震源破裂过程是激发大海啸的有利因素,突显了确定震源破裂过程,尤其是研究特别缓慢的震源破裂过程如"慢地震"、"寂静地震"等现象对于阐明海啸激发机制、从而对预防和减轻海啸灾害的重要意义。

那么,为什么2004年苏门答腊—安达曼特大地震与2005年苏门答腊北部特大地震同为特大地震,一个产生了灾难性的特大海啸,而另一个激发的海啸却很小?由哈佛大学得到的这两次特大地震的"矩心矩张量解"的

"最佳双力偶"解的参数(表2第2,3列)表明这两次地震的震源机制非常接近,都是低倾角、以逆断层错动为主的"右旋—逆断层",反映了这两次地震的发生是印度板块、澳洲板块沿着北东20°方向朝着(从欧亚板块进一步细分出来的)缅甸微板块下方俯冲的结果。2004年$M_W9.1$地震与2005年$M_W8.7$地震的地震矩分别为4.0×10^{22}牛顿·米与1.1×10^{22}牛顿·米,前者的地震矩大约是后者的4倍。按照最新的研究结果,2004年苏门答腊—安达曼特大地震的震级可能达到$M_W9.1 \sim 9.3$,而2005年苏门答腊北部特大地震的震级则可能是$M_W8.5$。若是这样,两者的地震矩的差距还要大。按照哈佛大学矩心矩张量解,2004年地震的断层面倾角(8°)与2005年地震的断层面倾角(7°)相近;若是按照不同机构或作者的测定,2004年地震的断层面倾角可以约束在8°~13°之间,2005年地震的断层面倾角可以约束在4°~7°之间,前者大约是后者的两倍。因而2004年地震不但比2005年地震大,而且具有较大的倾滑分量。虽然2005年地震的矩心深度(24.9千米)比2004年地震的矩心深度(28.6千米)略浅,但总体上2004年地震不但具有更大的地震矩,而且具有更大的倾滑分量,因而更容易激发海啸。不仅如此,2004年地震还具有长得多的"矩释放时间",其震源破裂时间达450秒。并且在长达450秒的震源破裂过程中,前120秒"矩率"(地震矩释放率)比后330秒

表 2 哈佛大学得到的三次特大地震的矩心矩张量解

日期 地震	2004 年 12 月 26 日 苏门答腊—安达曼地震	2005 年 3 月 28 日 苏门答腊北部地震	2011 年 3 月 11 日 日本东北部地震
矩心时间 (协调世界时)	01:01:9.0	16:10:31.8	05:47:32.8
矩心位置	3.09°N, 94.26°E	1.64°N, 96.98°E	37.52°N, 143.05°E
矩心深度(千米)	28.6	24.9	20.0
地震矩 M_0 (10^{22} 牛顿·米)	4.0	1.1	5.3
矩震级 M_w	9.1	8.7(8.6)	9.1(9.0)
节面 1	走向 329°/倾角 8°/滑动角 110°	走向 329°/倾角 7°/滑动角 109°	走向 203°/倾角 10°/滑动角 88°
节面 2	走向 129°/倾角 83°/滑动角 87°	走向 130°/倾角 83°/滑动角 88°	走向 25°/倾角 80°/滑动角 90°
T 轴	倾角 52°/方位角 36°	倾角 51°/方位角 37°	倾角 55°/方位角 295°
B 轴	倾角 3°/方位角 130°	倾角 2°/方位角 130°	倾角 0°/方位角 205°
P 轴	倾角 38°/方位角 222°	倾角 38°/方位角 222°	倾角 35°/方位角 115°

注:括号所注矩震级为美国地质调查局(USGS)国家地震信息中心(NEIC)的测定结果(参见表 1)。

的矩率大得多。在空间上,这相当于在由南南东朝北北西的破裂过程中,总长度达到大约1300千米的地震断层的南段(约400千米)的地震矩迅速地释放,而北段(约900千米)则缓慢地释放,从而使2004年地震具有更长的周期,更容易激发海啸。有能力激发大海啸的地震的特征或判据,对于认识海啸这一发生频度极低的自然现象,对于降低海啸早期预警的虚报率,从而对于预防和减轻海啸灾害是极其重要的。显然,深入探索在诸多可能的因素中,究竟哪些因素起主要作用,使得地震在激发大海啸的能力方面有如此显著的差别是很有意义的。

四、海啸预警

在大地震之后如何迅速地、正确地判断该地震是否会激发海啸仍然是个悬而未决的科学问题。这种情况反映了迄今为止对于能激发海啸的地震(海啸地震)的特征及其激发海啸的机制仍缺乏深刻的认识,亟须进一步深入地研究海啸发生的物理过程。尽管如此,根据目前的认识水平,仍可通过海啸预警为预防和减轻海啸灾害作出一定的贡献。

海啸预警的物理基础在于地震波的传播速度比海啸的传播速度快。地震纵波即P波的传播速度约6~7千米/秒,比海啸的传播速度要快约20~30倍,所以在远处,地震波要比海啸早到达数十分钟乃至数小时,具体数值取决于震中距和地震波与海啸的传播速度。例如，当震中距为1000千米时，地震纵波大约2.5分钟就可到达，而海啸则要走大约1个多小时；1960年智利M_w9.5特大地震激发的特大海啸在地震发生后22小时才到达日本海岸（图9）！如能利用地震波传播速度与海啸传播速度的差别造成的时间差分析地震波资料，快速地、准确地测定出地震参数（包括发震时间、震中位置、震源深度、地震矩、震源机制和震源破裂过程等），并与预先布设在可能产生海啸的海域中的压强计（如前所述，不但应当有布设在海面上的压强计，更应当有安置在海底的压强计）的记录相配合，就有可能做出该地震是否激发了海啸、海啸的规模有多大的判断。然后，根据实测水深图、海底地形图及可能遭受海啸袭击的海岸地区的地形地貌特征等相关资料，模拟计算海啸到达海岸

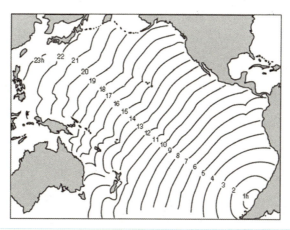

▲ 图9　1960年智利M_w9.5特大地震激发的特大海啸在地震发生后22小时到达日本海岸

的时间及强度，运用诸如卫星、遥感、干涉卫星孔径雷达（InSAR）等空间技术监测海啸在海域中传播的进程，采用现代信息技术将海啸预警信息及时传送给可能遭受海啸袭击的沿海地区的居民，并在可能遭受海啸袭击的沿海地区，平时就开展有关预防和减轻海啸灾害的科技知识的宣传、教育、普及以及应对海啸灾害的训练和演习。这样，就有希望在海啸袭击时，拯救成千上万生命和避免大量的财产损失。

海啸预警具有可靠的物理基础，它不但在理论上是成立的，实际上也是可行的，并且已经有了成功的范例。例如，1946年，海啸给美国夏威夷的希洛（Hilo）市造成了严重的人员伤亡和财产损失，此后不久，1948年在夏威夷便建立了太平洋海啸预警中心，从而有效地避免了在那以后的海啸可能造成的更大损失。倘若印度洋沿岸各国在2004年印度洋特大海啸之前能与太平洋沿岸国家一样建立起海啸预警系统，那么这次苏门答腊—安达曼特大地震引起的印度洋特大海啸决不致造成如此巨大的人员伤亡和财产损失。

以上所述的海啸预警对于"远洋海啸"比较有效。但是，对于"近海海啸"（亦称"局地海啸"、"本地海啸"）即激发海啸的海底地震离海岸很近，例如离海岸只有几十至数百千米的海啸，由于地震波传播速度与海啸传播速度的差别造成的到达海岸的时间差只有几分钟至几

海啸与地震

十分钟,海啸早期预警就不如远洋海啸预警有效。例如,日本气象厅(JMA)于2007年安装到位的、世界上最先进的海啸与强地震动的实时预警系统可在地震发生后的几秒内提供有关强地震动的信息,迄今已通过手机、电视、广播和当地的扬声器系统提供了10多次预警。尽管局地海啸的预警目前具有上述局限性,但在2011年3月11日日本东北部$M_w9.0$地震发生后,当P波到达最近的地震台8秒后该预警系统就向震中区附近的公众发出了预警,有27列高速火车紧急刹车,没有出轨,仍然收到了良好的成效。3分钟后,该系统向岩手、宫城、福岛3个县发布了大海啸预警。极具破坏性的海浪在15~20分钟后就到达最近的海岸,但浪高(海啸高度)超过了预期,达到7米以上,有的地方达到30米,部分海岸地区海水向内陆侵入了5千米,造成了毁灭性的破坏。这是因为对于日本东北部发生$M_w9.0$地震的可能性估计不足,认为该地区可能发生的最大的地震的震级为$M_w7.8$~8.2,未能按$M_w9.0$地震设防,致使海啸波浪超过了只能防$M_w8.0$地震海啸的防波堤的高度,造成了巨大的人员伤亡和财产损失,并且引发核泄漏。为了在大地震之后能够迅速地、正确地判断该地震是否激发海啸,减少误判与虚报、特别是"近海海啸"预警的误判与虚报,以提高海啸预警的水平,不但要加强对海啸物理、"局地海啸"的研究,还要从源头上做起,加强地震监测

（特别是近震源的海底的地震监测）、地震预测研究与震灾预防工作。

五、预防和减轻地震与海啸灾害

以上以2004年以来发生的三次特大地震与海啸为例，对海啸、地震激发的海啸、能激发海啸的地震以及海啸预警的物理基础等问题做了简要的介绍。我们看到，和地震一样，海啸也是一种自然现象；对于地震灾害来说，海啸灾害是地震灾害的一种次生、然而并非次要的灾害！应当强调指出的是，人类生活在一颗不断运动变化、十分活跃的星球上。地球是人类共同的家园，它不但提供人类赖以生存的资源、能源和环境，也会不时地兴风作浪，给人类带来灾害。海啸、地震作为自然现象，是生机勃勃的地球内部不息地运动和变化的生动的表现；海啸灾害、地震灾害作为自然灾害，不过是人类面对的诸多自然灾害中的两种！面对自然灾害，人类要努力去研究它、认识它，依靠科学技术，寻求避免和减轻灾害的办法，学会"兴利避害"、"与灾相处"。通过建立并不断改进海啸预警系统、地震预警系统，全面（不但在陆地上、而且在海底）加强地震监测、加强地震预测研究与震灾预防工作，可望有效地预防和减轻地震与海啸灾害。

参考文献（略）

SARS危机和中国经济

胡鞍钢

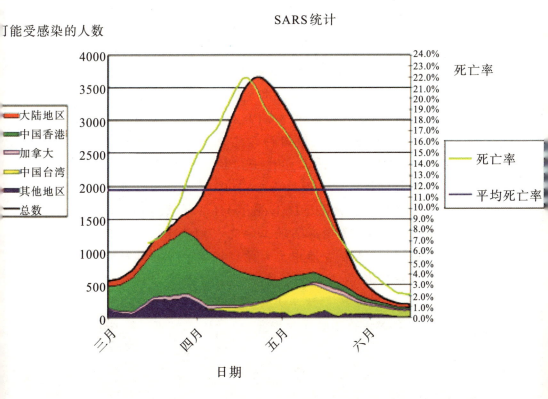

【作者简介】胡鞍钢,1953年4月27日生于辽宁省鞍山市,1969—1976年先后在黑龙江北大荒农场插队和华北地质队务工。1978—1988年先后在唐山工学院、北京科技大学、中国科学院自动化研究所获工学学士、工学硕士、工学博士学位。1991年赴美国耶鲁大学经济学系做博士后;1993年在美国墨瑞州立大学(Murray State University)经济学系做访问学者;1997年在美国麻省理工学院人文学院做客座研究员;1998年在香港中文大学经济学系做客座研究员。中国科学院生态环境研究中心国情分析室主任,中国科学院—清华大学国情研究中心主任,清华大学公共管理学院教授。

SARS危机和中国经济

关于SARS危机对中国经济的影响,我观察了一下西方媒体的一些报道,总结起来,大致可以归纳成以下五种观点:第一是"全球隔离中国论",《华尔街日报》有文章就说,隔离中国这么大的国家,当然会对个人与企业造成经济损失,可是,不这么做的代价是不是更高。第二是"中国孤立论",《纽约时报》有文章说中国因致命肺炎而日益孤立。第三是"中国的切尔诺贝利"论,《华盛顿邮报》将SARS比喻成中国的"切尔诺贝利事件"。我们知道,1985年,当时戈尔巴乔夫担任苏共中央总书记,就曾经处理过切尔诺贝利核电站泄露问题,当时他们向全世界封锁消息,而后他们吃了这个亏,总结经验教训以后,就提出来要搞公开化、公开性,最后导致苏联的变革。所以西方是希望我们是不是有可能会搞公开化、公开性,进而走戈尔巴乔夫的道路,甚至还寄希望我们是不是会出现中国的戈尔巴乔夫。我记得在1991年,当时朱镕基同志从上海调到北京担任副总理的时候,他们就认为这是中国的戈尔巴乔夫,后来发现又不是,所以西方有一个特别强烈的愿望,就是你要民主化,你要公开化,你要走苏联的道路。第四是"停滞论",中国经济陷入停滞。当时弄得全世界都相信他们,因为他们是西方主流媒体,很多人就认为中国经济因为SARS陷入停顿、停滞,而且称之为1989年"六四"风波事件以后,对中国最严重的打击。第五是美国之音的"巨大损失论"。刚才介绍的都是一些国际的讨论和分析,一个实质性的问题就是中国因为SARS影响,经济是继续增长呢,还是停滞呢？我们今天说来比较清楚了,而在当时,国内对此也有不同的看法和观点。我当时的看法主要反映在2003年4月25日我们写的一篇报告中,对于SARS对中国经济的影响评估,报告中提出了一个"有限影响论"。从总体上来看,影响是有限的,但是对于局部地区、局部行业,特别是服务业的影响是致命性的。这是两个不同的概念,一个是站在全国的宏观的角度,一个是站在部门和地区的角度。当时我们也发现几乎所有的世界经济组织,比如说世界银行、亚洲开发银行等都调整了对中国经济增长率的预测。另外,一些投资公司像摩根斯坦利等,也将对中国经济增长率的预测调低,从7.5%调到6.5%（当然最近这两天它又调回到7.5%了）。在5月中旬亚洲开发银行和博鳌论坛主持召开的一个会议上,我就挑战了所有外国学者的估计,我说你们能不能把你们过去五年来对中国经济的计算和预测,和最后的实际数据对比一下,哪个是比较成功的？因为我长期研究这些问题,我就比较清楚,基本上他们都说错了,或者是低估了。等到后来事实出现了,他们又不得不承认。我们来看一下,世界银行在20世纪80年代中期认为中国的人均GDP增长率也就是2%,最好是3%,但是事实上过去25年来中国的经济增长率,也就是

SARS危机和中国经济

人均GDP增长率在7%~8%的原因之一就是我们的人口增长率在迅速下降。所以说,我研究了十几年的中国经济,我感觉外国人对中国经济增长潜力的估计严重不足。另外,我们自己对中国经济的发展潜力也估计不足。比如说在20世纪80年代末期,我们中国科学院国情小组的第一篇国情报告(我是主要执笔人)曾经预测,大约在90年代,甚至到2010年、2020年,中国的经济增长率至多也就是6%~7%,后来我们看到90年代,实际上中国的经济增长率在9%~10%。所以说我们自己对中国经济发展的潜力也估计不足。

还有一个例子。1998年我国南方出现了洪灾,8月份还没有结束的时候,我们估计当年中国经济增长率不会达到8%,大约是7.3%~7.5%,而后来实际上是7.8%。所以说对于中国经济的研究,我觉得有一点像读天书一样,很难清楚地了解,或者说叫做"测不准定理",你肯定不能很精确地把这个数据预测出,但是我们仍然还可以通过对中国经济的分析,以及我们在研究中国经济发展过程当中的一些经验,做出一些分析,只要能够接近真实就可以了。现在讲来比较容易,但是在当时,尤其是在危机的高峰期的时候如何判断和讨论,我在后面会详细分析。

所以我们首先来看应如何认识SARS危机。我记得2003年4月9日温总理召开专家座谈会讨论中国经济形势,当时参加会议的9名经济专家,基本上没有去准备谈SARS危机这件事情。我觉得这可能是一个问题,就临时做了一点准备。在那个会议上,基本上出乎我们的意料,温总理通报了经济形势,也通报了SARS的情况,而且非常严重。当时温总理就问我们这些专家有没有什么看法和意见,可以说是总理问策,我们无以言对,只有吴敬琏先生谈了一下,要尽快披露信息。我当时觉得准备不够,就没有讨论这个问题。而后我们回来很快组织研究,在4月14日出了第一篇报告,标题就是《全面、积极应对全球性公共卫生危机》,这是首次提出了一个"危机"的概念。第一,SARS不是一般性事件,是危机,因为危机是造成一系列负面影响的重大事件,它不同于一般的事件。比如说山西,什么煤矿死了几十个人,这是重大事件,但它不形成危机。第二,它是公共卫生危机,不是经济危机。第三,它不仅是中国的危机,而是全球性危机,我们的态度是要全面地积极地应对。如何来看待SARS危机呢?关于这一点,我们主要是通过经济学的关于现代经济周期的理论来讨论和分析,我尽可能讲得通俗一点。经济学的周期理论将引起经济波动的机制分为两类:第一类是外部冲击机制,它是随机的,不确定的。当然也可以是有一些周期性的,但大体上是非周期性的。第二类叫内部传导机制,实际上经济波动是这两种机制的相互作用导致的。我们就把SARS界定为外部

SARS危机和中国经济

冲击。这是和我在1994年研究中国经济波动有关系的。当时我出了一本书叫《中国经济波动报告》，我把引起中国经济波动的一些外部冲击归纳为十类因素，比如说战争、自然灾害（像洪水）、政治斗争冲击、需求冲击、供给冲击、技术冲击、制度变迁等一系列因素。当时讨论的自然灾害，主要是针对洪涝灾害，没有想到会出现公共卫生危机。但是我们在2002年11月份跟美国兰德公司进行战略对话的时候，兰德公司的查利斯·沃尔夫（Charles Wolfs）做了一个战略性的分析，专门研究影响中国2005年到2015年经济发展的一些因素，其中就提出了八类因素会影响中国经济长期增长，这八类因素包括下岗失业、贫困、腐败等。这几个方面他是用了我的研究，因为我在这些方面做了大量的计算和分析。他还提出了公共卫生危机，当时他特别强调的东西主要是艾滋病和所谓的传染病。另外还有能源，比如说能源价格突然上升、能源短缺对中国经济会有影响。还有缺水，比如，黄河突然断流了，或者是全国大面积的干旱，或者说大面积洪涝灾害，等等。这八类因素中，有几类因素是我们所称的外部性的冲击。刚说了没有多久，SARS危机就出现了，所以我直觉地判断，它是一个外部冲击。外部冲击是一个什么样的作用呢？假定你现在开着一辆汽车，或者是一列火车，按正常速度行驶，突然出现一个坑，或者说出现一个外部冲击，就偏离了原来的轨道。其实这个原理在自动控制理论中都谈到过,实际上现代周期的理论,就是把这些原理引用到这个方面来进行分析。因为我原来是学自动化的,很容易把那一套知识融入到这里面了。我把SARS视为一个突然发生的不可预测的外部扰动和冲击,一旦发生冲击,它的曲线就偏离原来的轨道,这样一个分析框架有助于我们来理解SARS危机。

我们来看一看,一般来说,外部冲击有以下四种形式(图1)。第一种是所谓的脉冲冲击,就是突然出现,但是系统很快就恢复了。第二种是阶跃型,一旦出现这种冲击,它就改变了状态,到达另外一个状态。第三种冲击的影响不是一下子的事,对系统来说,它是逐渐增强

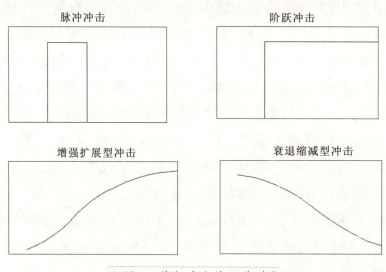

▲图1　外部冲击的四种形式

扩展的。第四种是一个突然出现的冲击,但是不持久,紧接着就衰退下来。关键是我们要识别SARS算哪一种冲击信号。我认为任何一个事件的发生,都可以用一些科学的手段和科学的方法来研究它。这幅图是2003年4月25日画的。就说SARS冲击吧,如果有冲击函数的话,它是一个复合函数,就是先有一个酝酿期,迅速爆发到高峰点,然后开始衰退,它是这样一个冲击函数。当时我们假定了A、B、C三种方案(图2),因为我们也测不准,也说不清楚,问医疗专家,医疗专家也说不清楚。当时假定的A方案,应该是6月底、7月底,它基本上被有效控制了,就衰退下来了。第二种方案,即中等的方案,就是8月底、9月底,基本上在第二季度结束了。第三种方案,可能是到2003年年底。这是我们当时对SARS危机的一点判断和分析,这里暗含了一个什么概念呢?我在后面会讲到。我们有一个理论,就是SARS危机是具有

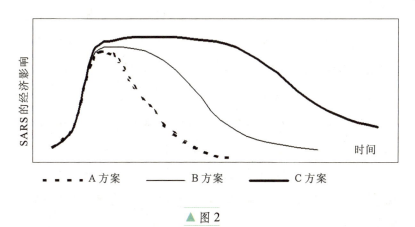

▲ 图2

气候与灾害科学技术集

生命周期的危机,而不是说它一旦出现就会持久作用。

　　生命周期如何划分呢?我们用刚才的冲击函数来说明,第一阶段可以叫做征兆期,或者是潜伏期,它基本上是一个酝酿的过程。假定是从2002年开始发现SARS第一个病例以后,一直到2003年2月广东爆发SARS危机的时候。在爆发之前,我们认为是酝酿期。从危机理论的角度来看,有一套危机处理理论。正好赶上清华大学公共管理学院副院长薛澜教授刚刚出了一本书,叫做《转型期的危机处理》,书中谈的就是对社会转型期危机事件的处理问题。当时清华大学出版社还没有正式出版,我就赶紧建议薛教授突击印了几百本,一是我们自己学习,二是马上送给中央和国务院的领导同志来学习。因为处理危机要有一套理论来指导。为什么呢?因为危机本身有一个最大的特点,就是信息的不对称性、信息的不完全性和它的风险性、模糊性,我们不清楚,我们要借助一些危机理论来识别一下。根据薛教授提出的危机理论,第一个阶段的任务主要是要识别危机,搜集最重要的信息,整理关键的信息。信息很多了,甚至可以说是出现信息垃圾了,就要能够筛选出关键的一些信息,对各种风险进行评价,比如说经济的风险、政治的风险、国内的风险、国际的风险等,包括国内外的媒体如何评价,怎样有效地隔离危险,怎样设置一些防火墙,等等。说句实在话,如果我们当时能够识别出SARS

的一个特点叫"超级传播者",即它一旦传播,是呈指数增长型的,那么我们就会很快意识到,它不仅是一个重大的公共卫生事件,而且是一个危机事件。把它识别出来,按照传染病防治法进行有效的公布,就不会在广东演化成SARS危机,更不会在北京演化成SARS危机。处于危机第一个阶段,不能够做到这一点,就出现了危机的第二阶段。所以说很多危机,实际上最有效的办法,就是把它扑灭在萌芽状态,用我们的行话说,就是在所谓潜伏期这个过程中把它扑灭。当这个时机没有有效地抓住,就会出现所谓的第二个阶段,也就是迅速爆发期和蔓延期。冲击函数曲线有两次波峰,第一次是2003年2月份在广东爆发,这造成了全国第一个波峰,也造成了全世界第一个波峰;第二次是2003年4—5月,从北京到华北,包括山西在内,形成了第二个大的波峰,这时广东的比例大幅度下降,北京、华北地区的比例大幅度上升,而且这个波峰要高于前一个波峰。因此,第二个阶段,我们判断它是指从2003年2月份广东爆发到5月份。我们用一些数据来表征,比如说按每三日平均新增病例数或者是病例的累计数。从危机处理的理论和角度来看,这一阶段应该如何处理呢?

我大体写了几条,就是需要有效地处理危机、分割危机、限制危机、控制危机,防止危机进一步扩大。危机扩大既包括时间的概念,更包括地域、空间的概念。举例来说,病例出现在北京,就要控制使其不要扩大到山西,危机出现在太原,就不要使其扩大到晋城,或者是别的地方。而且从国外的角度来看,危机要把减少人员伤亡作为第一目标,宁可花一些大的代价,比如说我们在2003年4月13日的报告中提出,鉴于当时的情况,五·一黄金周要不要搞。当时有两派观点,上面也有不同的看法。我们的建议就是不要搞,所以就提出来严格控制国外旅游,限制我们的疫情区和其他地区之间的旅游。在那种情况下,不要说我们的黄金周旅游问题,把人员伤亡控制到最低程度是第一目标,后来政府的目标很明确,就是为了减少伤亡目标而不惜一切代价,集中全国、全军的人力、物力和财力,采取了我们称之为"特事特办"的手段。其根本的措施实际上就是隔离危机,就是所谓的设置防火墙,就像我们在山上打防火墙一样。我在北大荒待过,每年一到春秋两季的时候,土木干燥,容易着火,我们采取的办法就是烧隔离带,打火墙,特别是利用公路把火灾分隔开来。应该说,我们现在处在危机的第二阶段,虽然北京一开始没有控制住,但是北京从中下旬开始采取了隔离措施,这是非常必要的。我们4月13日的报告提出要根据《传染病防治法》进行隔离,因为《传染病防治法》讲得非常清楚,一共有三条,必要的时候,可以动用所有资源,包括房屋建筑、水源,等等。所以说这种办法会有效地控制危机。第三阶段,我们把

SARS危机和中国经济

它称之为高峰期，或者是平缓期。从2003年5月份可以看得非常清楚，我们可以看一看，这个时期是这场危机的最关键时期。

我想谈一点个人的体会。一种危机出现以后，你用什么样的方法来判断和分析。我们在后面可以看一下有关的数据，我们可以看出来，按照新增病例数，第一次波峰在广东，是2003年2月份；第二次波峰在北京和华北地区，是2003年5月份。我们主要是用几种曲线来判断和分析你处在什么样的周期阶段。在2003年5月初的时候，还处于高峰期，而后，是因为什么处于高峰期呢？因为出院人数还没有提高。实际上，我们可以发现这条曲线就在5月中下旬开始迅速上升，所以我们通过这条曲线看得比较清楚，当时5月中旬处在一个高峰期，而后就开始衰退。但是在当时，人们并不是很清楚这个问题，所以说2003年5月13日的时候，北京市委书记刘淇请我去参加他们一个咨询会，请市属各局先讲一下疫情情况，然后谈经济损失。当时有旅游局、交通局、商贸局、市政局等单位介绍了情况，当时会上的气氛非常惨痛，因为非典对北京的打击太严重了。我当时持比较乐观的态度，我的判断是，这一段时间正处在我们的高峰期，就如同两军对垒，当然这是一场无硝烟的战争。两军对垒，狭路相逢，只能勇者胜，就是要坚定不移地按照中央的政策，把SARS控制住，不能蔓延，特别是不能向外地蔓延。另外,就是要准备经济的复苏。在那个会议上,大家谈了一个词叫"井喷",就是SARS之后的旅游业的"井喷",你看我们现在开始"喷"了,上海最近"喷"得挺快的。所以我在那时候给了一个很重要的判断,就是目前是最关键的时期,不要慌,不管是总司令也好,司令也好,还是军长、师长也好,你要知道现在处在什么阶段,就是毛泽东所说的相持阶段,下一步我们开始进入反攻阶段。

所谓的第四个阶段,即衰退期。衰退期的特点,就是前面的那条曲线表明了出院人数大幅度增加,实际病例明显下降,新增病例数很少了。其实在SARS衰退的时候,我们当时没有敢用"迅速衰退"这个词,就叫衰退期,当时我们没敢说这个词是为什么呢?就是我们还想等科技界生产出疫苗来,但是老看报道消息,不见实质性的科技成果,所以我们当时就觉得不能用"迅速衰退"这个词了,就叫衰退期。应该提一句的是,当国家和人民需要的时候,我们还真是拿不出像样的科技成果来,当然这不是一天两天就能拿出来的,所以我觉得科技界应该反省。还有就是我们政府有能力用政治手段,愣搞村村、乡乡各自为战,用最古老的办法把它克服住了,所以谁也没有想到能进入衰退期,而且可以叫迅速衰退期。这就是我说的第三个想不到,中国进入到后SARS阶段,实际上这个阶段就提出来几个"正常",就是人们

SARS危机和中国经济

正常生活,社会进入正常的秩序,学生正常地学习,机关和公共机构正常服务。另外,城市的基础设施,污水、自来水、垃圾处理等服务应该正常地提供,或者是正常地运作。所以说这一次SARS危机,实际上中国很快就进入到我们所说的恢复阶段,或者说正常秩序阶段。但是我们需要指出的是,由于科技界还没有做出重大的突破,我们还不能轻言战胜SARS。这话是温总理在2003年6月17日主持专家座谈会时说的,我当时也参加了。他说,现在看来还不能轻言战胜SARS,吴仪副总理也重复了这句话。国家领导人只是说我们有效地控制了SARS,所以我们科技界还是要抓紧工作,夜以继日地研制SARS疫苗。当然,我们希望尽早研制出来是一回事,能不能尽早研制出来是另外一回事,但是它也反映了人类与病毒之间的一个长期的博弈,它不是一个短期的博弈。我专门写有一篇文章,就是介绍人类健康的发展历史,它是如何不断地全球化,不断地城市化,不断地和病毒进行博弈,我是想从这些角度来悟到一些观点。是什么呢?可能人类就是要和各种病毒长期共存,长期博弈。但是要想战胜SARS的话,确实如同胡锦涛总书记所言,最终还是要靠科学技术,我们才能战胜SARS。

我们回过头来分析一下中国的经济系统,或者说中国经济发展的特征,以便于我们了解这种外部冲击对中国经济的影响为什么是有限的。我想这种话只有在今天大家能够接受,因为在2003年4月份、5月份,甚至6月份,人们还不是太接受这种观点。首先,我们要表述一个概念,就是经济长期增长趋势,这是反映了一个国家或者一个地区经济长期增长的能力,也就是说,在一定的资本、资源、技术进步和人力资源的条件下,它有一种长期增长潜力,这也和经济结构、发展水平有关系了。怎样识别长期增长潜力呢?它只是在经济学的教科书当中有,但是我们怎么去具体计算呢?这里我们就用了一个很简单的模型,用时间作为一个趋势变量,做了一下计算就发现,中国的长期增长潜力应该在9%以上。从1978年到2002年大概是9.3%,如果是从1978年到1998年,或者是1997年,不算1998年,就是9.5%,这项研究是在1998年做的。当时的研究发现,1998年、1999年后的几年,大家知道要扩大内需了,是因为内需不足了,认为经济实际增长率低于潜在增长率9.5%,所以表现出产出扩大缺口的趋势,就是说长期增长潜力跟实际增长潜力之间有一个缺口,当你扩大的时候,就通货紧缩、内需不足,等等。事实上在过去五年,中国的经济增长率平均下来是8.1%,低于9.5%的长期增长潜力,这里用的是我们分析和研究的结论。国际上是怎么研究的呢?他们跟我们的研究结论差不多,特别是最近国际货币基金组织有两位专家,他们用了一些不同的模型和方程,算出来的结论跟我们一样,大体是9.2%~9.5%,

SARS危机和中国经济

而且他们也认为过去几年到2000年,中国的现实经济增长率是低于长期增长潜力的。另外,中国社科院的刘国光老先生,他在2002年就曾经指出过这一点。我觉得他算是比较早地提出了这个结论,当然也包括后来的杨帆研究员。杨帆个人认为中国的潜在经济增长率应该在9%以上,所以说这是我们分析中国经济为什么一季度是9.9%的原因,否则,我们没有办法解释后面的事情,这是第一个概念。

其次,我们来讨论一下中国是否存在经济自主增长的能力。这里移用了一个所谓的"一阶自回归"方程,表明在没有外力推动的情况下的经济自主增长、自我推动、自我投资的能力。研究结果表明,中国的方程自回归系数非常高,达到0.997,接近1。它的概念是什么呢?就是说,如果去年的经济增长率是8%,那么今年在没有受到外部冲击的阻碍的情况下,或者不再受到外力推动的情况下,它的经济增长率应该是7.976%,就是接近8%,这是从模型推导出来的。如果你处在一个上坡期,你达到9.9,我至少接近9.9,但还在往前走,就是这个概念,所以说这个系数很高。我们发现在国际上进行比较是比较特殊的。我认为,中国有了明显的自主增长能力,或者叫惯性增长能力了。

最后,中国经济的波动系数低,也就是说,宏观经济稳定。经济不光要高增长,还要宏观经济稳定,才有意义。我们算了一下,发现在改革前,中国经济发展可以用一句话来描述就是:大起大落。我们计算了一个所谓的"经济波动系数",它的统计学定义很简单,就是拿标准差与均值相比,来反映偏离均值,或者说长期增长趋势的程度。从1953年到1978年,我国经济波动系数高达154%,所以我们称之为"大起大落",特别是在大跃进和"文化大革命"期间,出现了几次比较大的周期波动。当然,这也反映出一个国家在现代经济开始的时期,经济波动一般都比较明显。比如,美国在19世纪(包括20世纪初期)时,经济波动系数都比较明显。实际上,经济大起大落本身可以定义为一个经济周期引起的经济危机。当然,我们的经济危机可能是因为大跃进,也可能是因为政治上的斗争等因素造成的。但是我们也发现,在改革开放以后,从1979年到2000年,我国的经济波动系数又明显下降,降为33%。而在1998年到2002年则只有8%。当时我们在研究中国经济波动的时候,认为经济波动系数低于25%,就可以称得上宏观经济稳定,更何况我们的经济波动系数只有8%,这表明我国在进入20世纪90年代后半期以后,宏观经济调控能力日趋成熟。2002年,在朱总理的一个专家座谈会上,我就提出来,本届政府经济波动系数最小。2003年4月9日,因为担心中国经济会大起大落,所以我在会上说:上届政府经济波动系数是8%,我们希望本届政府不要太大。

SARS危机和中国经济

现在看来,如果弄不好的话,有可能太大,就看有没有可能采取一些措施来抑制。现在存在的一个问题是投资过热。为什么过热呢?就是说,过去20多年,中国的投资增长率扣掉物价指数,大概是11%,但是我们在2003年上半年已经达到了31%,是11%的将近三倍,所以我判断投资过热,不是没有根据地瞎判断,而是根据历史数据来论证的。实际上,我还是很担心由投资过热引起经济过热问题。如果大家感兴趣的话,还可以看一看1991年、1992年是怎么回事。可以说,过去几年中国宏观经济的确是稳定了。同时,我们最近研究了财政收入和支出问题。大家知道,过去几年中国财政收入支出增长率平均在14%~15%,但是它的波动系数(从改革开放前到1994年以前)有比较明显的大起大落现象,现在趋于一个比较稳定的增长期,就是说,波动系数也比较低。对于财政上出现的大起大落,现在大家的体会不如以前那么明显。以前当一个财政局长说:今年我们的财政收入没有了,我们的财政支出也要减掉,对不起,你们这些部门的财政支出都要减。所以说,如果财政支出和财政收入大起大落,对所有的部门都是没有好处的。现在来看,中国的财政状况应当说是相对稳定的。所以说,我们经济有高增长,长期的增长潜力在9%,这是第一个特点;第二个特点,有自主推动的增长能力;第三个特点,宏观经济稳定。

下面我们讨论一下SARS对中国经济波动的影响。对于这种影响,我只能作一些简要的分析,其影响主要还是集中在我们的第三产业。实际上,按照国家统计局的分类,第三产业大体有十几个行业,主要集中在交通运输、零售餐饮等行业,如果算下来的话,影响应该在5%左右,但是对这些行业的打击却是致命性的。比如说旅游业,当然数据还没有完全出来,北京市旅游业在第二季度的损失大约是200亿元,特别是国际旅游损失更大。根据国家旅游局的统计数据,全国旅游业2003年至少损失2000亿。实际上,我们每年的旅游收入,国内旅游和国际旅游算在一起,大体收入在5000亿元以上,占GDP收入的5%。这里强调一下,它是叫收入,不是叫附加值或者增加值,这是两个不同的概念。所以说旅游业在2003年受到了沉重的打击,当然我们希望下半年能出现一个"井喷"。但国际旅游很难"井喷",当时主要是动员我们的老百姓,能不能给国内旅游带来一个"井喷",所以说当时搞机票打折是时候了。2000年,我就挑战国家旅游局说,到底你是跟市场对着干,跟消费者对着干,还是要按市场规律办。大家知道,现在机票打折是允许的,在国外可以一票多折,你坐飞机,我坐飞机,咱俩价钱是不一样的,因为也许你可能买票早,也许你可能是65岁以上的老年人,所以还是要靠市场经济。当时如果票价进一步下跌,旅游业马上会"喷"起来,所以

SARS危机和中国经济

我也是企盼着国内旅游业"井喷"一把。另外,餐饮业也受了沉重的打击,刚刚有所恢复。有的行业受到打击,有的行业又发生"井喷",特别是与卫生相关的产品,如日用品、洗涤剂、医药等,这一回可真是一个千载难逢的天机了,这些产品产量都大幅度地增长。另外,汽车、住宅、手机、通信等行业也大幅度地增长,我们当时达到近3亿户的手机、电话,这一大幅度增长是出人意料的。1998年,中国的汽车私人保有量只有500万辆,2003年已经达1000万辆,五年就翻了一番,也许过几年就达到2000万辆,所以它的发展速度是很快的。所以有的行业受到了打击,有的行业也受到了刺激。从投资的角度看,是我们的商务活动产生了影响,但是我们也很奇怪,我们的国内投资增长率在2003年上半年为31%,全世界第一,也是我国历史上增幅最高的半年。另外,吸引的外国直接投资也大幅度增长,可我们有的时候也搞不明白,这些钱是从哪里冒出来的。显然,SARS对消费领域有一个比较大的冲击和影响。

当时我们得出一个结论,认为SARS对中国经济的冲击影响有三种类型:第一种类型,我们称之为V字形,因为如果你界定SARS危机是一个短期的危机,或者说是一个冲击的话,那么它就来得快,走得快,快速下降,快速复苏,对经济发展构成了一个暂时性的冲击。我们认定这一次的SARS危机是V字形的。第二种类型是U

字形,就是快速下降后,它还有一个缓慢和滞后性的上升,这称之为短期性的冲击。第三种类型就是所谓的L字形,即一旦快速下降,它就长期不能恢复,从而构成了持久性冲击。这和我前面对SARS的冲击函数和系统的响应是相关的。

需要指出的是,同样一个冲击,不同国家和不同地区的响应是不一样的,或者说影响是不一样的。比如说对于大国,它的影响就相对就小。我们认为,中国是一个大国,她有回旋的余地,这也是我过去几年研究灾害对中国的影响的一个结论。最近我又看了一些书,书中就讲为什么中国变成了一个大国,而且是一个中央集权的大国。像安徽省,受水灾打击非常大,但是一方有难、八方支援,实际上降低了作为一个单独国家的成本。同样,山西省受到SARS危机打击,全国也会支持;如果北京地区的SARS危机过了以后,它也会支持其他的地区。所以不同经济规模、不同人口规模的经济系统,它对同一个冲击的反应就是不一样的。

第二点,成熟系统和不成熟系统也是不一样的。应当说,中国经过了50多年的发展,特别是近20年的发展,宏观调控能力日趋成熟。什么叫做日趋成熟呢?说一句不好听的话,20世纪80年代中期,我们研究中国经济都没法研究,为什么呢?我们的数据有问题,数据没法和西方对接,我们是使用苏联式的核算体系,后来我

SARS危机和中国经济

们逐渐改为世界通行的国民核算体系,才便于研究和分析。反过来,现在中央和国务院对于处理宏观经济方面的问题已经日趋成熟了。很多人认为在SARS危机开始时我们是被动的,其实我后来认为,尽管开始是被动的,但在危机过程当中它又是主动响应的,所以后来采取了一系列措施,我们后面要进行回顾。

第三点,经济是外向型还是内向型也是不一样的。同样的外部冲击,对外部依赖度高的国家或地区,比如新加坡、韩国、中国香港地区、中国台湾地区,受到的影响会比较大,亚洲金融危机就是如此。对外部依赖度不高的国家,像中国,我们叫内需型国家,或者是大陆性经济,它受到的影响相对要小。所以说,同样一个冲击,处于不同的系统中,它的结果是不一样的。但是有一条,2003年4月9日,我在温总理主持召开的专家座谈会上讲得很清楚,可能我们要把危机视为一个正常态,它是连续的。过去,我们认为危机是特殊状态,你现在看一看我们的危机断了吗?从2003年年初开始,先是伊拉克战争,引起我们的油价上涨,大家可能感受不是太大,但是开车的司机就很清楚了。接着是SARS危机,再接着就是淮河发大水,安徽受灾,后面还有一系列的危机,所以说在中国建立这种处理危机的系统是不可避免的,必须建。像北京,不仅要考虑防治SARS和其他公共卫生问题,还要考虑防止生物恐怖问题。不管是在美国也好,还是在中国、俄罗斯也好,恐怖主义已经全球化,所以我们必须考虑到这些因素了。SARS对中国经济的影响就是一个V字形,也就是说,我们在第一季度,中国已经进入到新的经济增长周期的扩张期。如果没有SARS危机冲击的影响,中国经济增长率应该是在9%~10%,有了SARS危机的影响,它可能在8%~9%。我们这个结论不是今天讲的,而是在2003年4月24日的报告中写成的。

我们来看一看经济增长阶段,大致可分为这样几个阶段:第一个阶段是高增长阶段。第二个阶段受到SARS危机的影响。2003年4月份国家统计局公布的GDP增长率降为8.9%,就是下降了1个百分点;第二季度,中国的经济增长率实际上降到百分之六点几。我们来看一看有关的数据,能够显现出这个V字形发展曲线。中国的经济增长率,2003年1—3月份为9.9%,4月份为8.9%,5月份估计是在7%左右,当时我们估计约8%,现在看来还是在7%左右。2003年上半年经济增长率是8.2%,下半年开始进入到经济复苏阶段,进入到恢复高增长阶段,比如说山西省经济增长率达到12%,要高于全国的8.2%。据我所知,这8.2%的增长率是挤水分挤出来的。什么意思呢,因为我们查了查2003年上半年的经济增长情况,全国可能没有一个省的经济增长率是低于8.2%的,你要加起来平均算一下的话,可能还真

SARS 危机和中国经济

如我所说的达到了 8%～9%。当然,国家统计局的数据是自己单独统计的,它跟省级统计局的统计方法和统计数据是不完全一致的。北京受到了 SARS 冲击,它的经济增长率是呈 V 字形变化的,2003 年 1 月到 3 月份是 12.7%。2003 年 5 月 13 日,在由北京市委书记刘淇主持召开的会议上,我用这个数据分析认为,如果没有 SARS 冲击的话,2003 年经济增长率应该是在 11%～12% 之间,有了 SARS 冲击以后,可能低两个百分点左右,大约是 10%。所以它的 V 字形变化趋势很明显,4 月份降到 9.9%,5 月份降到 4.8%,2003 年上半年是 9.6%,到 6 月份开始复苏了。上海市也是如此。这表明了什么呢？表明中国无论是全国而言,还是 SARS 疫情严重的地区,经济增长率都没有受到太大的影响。比如说山西的经济增长率比没有 SARS 疫情时还快了。这表明山西正在进入新的经济增长周期的扩张期。全国已经进入到经济扩张期,你也许之前或之后进入,但总会进入到扩张期。事实是这么一个情况,要不然也就没法解释。所以说 SARS 危机对我们经济的冲击是暂时的,我们现在经济又恢复了。同样,我们可以看出来,像工业增加值,2003 年第一季度的时候增长率是 17.2%,4 月份下降为 14.9%,5 月份下降为 13.6%,6 月份又复苏起来,所以 2003 年上半年大体为 16.2%,这个增长率已是相当高了。同时,我们也可以看到,投资增长率在 SARS 危机的时候反而比4月份高,为34.5%,2003年上半年平均为31.1%。所以我还是比较担心中国的投资过热,进而导致经济过热。另外,从社会消费品零售额增长率来看,2003年第一季度为9.0%,4月份为7.7%,5月份为5.3%,上半年为8.0%,现在又开始处于恢复阶段,其中餐饮业4月份为2.1%,5月份是负增长。山西省好像也是负增长,全国都差不多。2003年上半年是6.4%,一般来讲,能达到7%就不错了,所以全年达到7%,还是有可能的。令人奇怪的是进出口总额的高增长。根据世界贸易组织(WTO)的预测,全球的贸易增长率只有3个百分点,我国2003年上半年就达39%,其中出口额为34%,进口额为44%,世界上找不到第二个国家像中国这样,我们称之为"出口机器"也可以,称之为"进口机器"也可以。现在我们在一些国际会议上,觉得作为一个中国的学者或者中国的经济学家挺光荣的,你的嗓门稍微小声一说,都比人家大嗓门的人说得带劲,为什么呢?别的国家的贸易都是负增长或者是低增长,你要说出34%、39%的增长率,他会问你,是不是点错了一个小数点,因为在他们的概念里没有百分之三十几、百分之四十几的增长率,何况中国还是处在SARS影响之下。所以我们应该把外国人,特别是一些外国媒体,他们在2003年4月份怎么报道我们,5月份怎么报道我们,6月份又是如何报道我们,给公布一下。我跟一些西方媒体讲,你们

SARS危机和中国经济

这些媒体,最重要的是要有一个信誉度,你们老是报道错了,就像我们看天气预报,预报员说天要下雨,它没有下;说天要刮风,它也没有刮,一次两次还行,你老是这样搞错了,信誉也就没有了。事实上,2003年4、5月份,西方媒体的报道全是错的。按照他们的逻辑,中国基本上是三个字:完蛋了。所以他们不清楚我刚才所说的V字形变化趋势。像餐饮业,2003年5月2日,我自己在北京转了一大圈,感慨万千。我也算是在北京长大的人,"文化大革命"的时候,没有这样;"四人帮"横行的时候,没有这样;"六四"风波的时候,也没有这样。你看一看,就是这么一个SARS事件,酒店全关门了,一片萧条。当时我也觉得,中国的经济是不是像西方媒体所说的那样要完蛋了,但我还是坚信我们的人民,他们是创造历史、创造财富的真正的主人和动力,相信我们的经济很快就会恢复过来。所以说不要只看那一段短暂的萧条时间。那段时间,经济萧条的日子大约是2003年4月24日、27日,然后一直到5月5日、6日。真正有人、有活力的时候,是在5月十几日,到那时路上才有车了。那时候,科技部部长徐冠华讲了一句话,说他半夜回来的时候,在整个回家的路上,没有车,既没有外地车,也没有本地车,也没有人出来。对此我也感慨万千。我们要回顾一下这一段历史,因为刚刚发生,我们来看一看中国是什么样的状况。那时,中国将近40%的出口增长率,不仅对我们中国来说是一个好消息,对全世界来说更是如此。我当时刚刚看了一则材料上说,我们对日本、美国的进出口额都是30%、40%的高增长。在SARS危机之前,我们说这边风景独好。现在我们更敢说这边风景独好,尽管我们经历了SARS危机的冲击。

如果来总结经验,就是危机的来临往往没有办法预测,我们叫做不可测、不可控性,但是中华民族不管是从中央领导人,还是到我们的普通老百姓,还有我们的医生,都很快地对危机做出响应,叫做应战。从被动应战到主动应战,从局部应战到全民、全面应战,我们很快克服了这场危机。客观地说,在1998年洪水灾害发生时就证明了一次,这一次SARS危机又证明了一次。我们在写SARS危机报告的时候,特别强调了1998年的洪水灾害。我们的SARS危机其实是良性危机,很多人都表示不同意见,因为我们对危机的界定是这样的:危机肯定不是好事,而是灾难或灾害,总理用的是灾难。但是我想,危机有两种不同形式:一种叫做结构良好型危机,我们简称为良性危机,就是说,当出现危机以后,政府和人民的利益是紧密相关的,目的是一致的,我们可以充分动员广大人民群众来战胜危机,所以它变成一种可战胜的危机,从这个角度来看,它是良性的危机。第二种是结构不良型危机,我们叫它恶性危机,它的概念是什么呢?就是当危机出现了以后,政府和人民形成对峙,而

SARS危机和中国经济

且越处理越难,应该说"六四"风波就是这样一个案例,最后付出的代价相当大,但毕竟我们最后还是处理掉了。如果不能处理,就像苏联,还有东欧一些国家(像南斯拉夫),国家就解体了。所以,当时我们的基本判断,就是在这场危机面前,政府可以有效地利用我们的政治资源、组织资源,包括我们的思想文化资源、舆论资源,来有效地动员人民应战危机,进而清除危机。

从另外一个角度来看,现在比较突出的问题是农民的人均收入问题。2003年上半年,我们的农民人均纯收入只增加了2.5%,而城市居民人均纯收入达8.4%,差距比SARS危机之前还要高。这说明,这一次SARS危机主要是对城市构成直接的影响,特别是经济发达的广东省、北京市,当然也包括经济不太发达的山西省了。同时SARS危机对农民的影响也很大,主要表现在两个方面:一是就业,大量的农民工返回农村,大约有800万到1000万农民工返回。他们不光是返回去,同时还要消费。不像在城里,既可以消费,又可以储蓄,还可以把钱寄回家;第二个方面,实际上,整个生产链条在一定程度上也受到了中断,毕竟村自为战,县自为战,从交通上看,阻碍了交易、运输等行业及相关产业的发展。所以,当时比较突出的问题是要解决中国的农民人均收入问题,这是我们当时需要研究的一个重点问题。

有数据表明,这一次SARS危机对交通运输业的打击,主要是在客运业上。大家看一下2003年4月份的铁路客运、公路客运、水运客运、民航客运都是负增长,5月份也是负增长,2003年上半年总体上都是负增长。当时,中央各部委马上取消了一些交通限制,也是为了进一步刺激客运业的增长。这一次SARS危机对我们的客运业来说,是一个致命性的打击。我想,2003年中国的经济增长率保持在8.5%左右还是非常有可能的,因为2003年上半年我们是8.2%,下半年如果经济投资增长,消费进一步增长,包括出口额进一步增长,2003年还是会达到8.5%左右的,2002年是8.0%,2003年是8.5%,这意味着中国经济还处在世界经济增长最快的位置上。关于北京市的经济增长情况,我刚才也讲到了,北京市通过这次SARS危机以后,整个城市的经济从6月份(包括7月份)以后,在迅速地恢复,而且北京市有一个比较好的经济增长契机,就是2008年奥运会。最近,我们在帮助北京市做一些相关的工作,主要是提出一个思路,就是北京市能不能抓住机会发展高等教育产业。因为从目前情况来看,中国高等教育在校生人数,2002年已超过美国,居世界第一。中国在校生人数最多的城市是北京,而且北京发展高等教育有产业关联性,也许是1:4,也许是1:5。现在,北京市经济发展最火的地方在哪儿?在中关村。中关村2002年的个人所得税就达20亿元,还不包括什么增值税、营业税,这里的经济之所以快

SARS危机和中国经济

速发展,就是因为有一些大学,有一些科研机构,所以说发展教育产业,特别是高等教育产业,也是今后北京市经济发展的一个新思路。

从总体上来看,SARS确实是一场影响中国经济的危机,它不是一个经济的危机,而是一个心理恐慌的危机。这种观点实际上是我们在2003年4月份的报告中提出的,即SARS危机不可能根本改变中国经济增长的模式。现在看来,还可以加一条,就是它不可能根本改变中国参与经济全球化的基本趋势。所以说经过SARS危机之后,我们确实对SARS有了更多的认识和讨论。需要指出的是,SARS危机对就业的影响要远大于对经济增长率的影响。我们知道,2003年我国政府的目标是:第一,经济增长率为7%;第二,创造新增就业岗位800万,将所谓的登记失业率控制在4.5%左右。到目前为止,我们的失业登记人员大约是800万人,创建国以来最高。现在我国失业率的一个比较大的影响因素是深层的人口背景,即中国劳动力人口相当于世界总量的26%,即使没有SARS危机,中国的就业问题也是非常突出的。所以两三年前,我提出一个口号就是:中国正在爆发一场世界最大规模的就业战争。如果大家过去体会不到,现在就体会到了,包括局长的位置都要竞争上岗。现在北大、清华的教授也要竞争上岗,有的直接要下岗。根据我的计算,从1995年到2002年年底,我们国有单位、集体单位的下岗人员已经达6000万了。所以说这一场就业战争涉及各个方面,而这一问题在短期内还解决不了。我为此专门写有一本书叫《扩大就业与挑战失业》,如果大家感兴趣的话,可以看一看书中的详细资料。

现在,我们在就业方面有三个问题比较突出。第一个问题是SARS危机对劳动密集型服务业是一个冲击;第二个问题是农民工回流。2003年5月份已经有800万到1000万农民工返回农村,现在返回城市的农民工不过1/3,还有2/3没有返回城市。因为农民工对城市建设和经济发展的作用非常大。目前全国大约有8000多万农民工,其中跨省流动的大约有4000万到5000万,加上他们的家属和孩子,大约有1.2亿人口在城市广泛流动。2002年他们直接的劳动收入大约是5000多亿元。从机会成本的角度来说,这一收入远远高于农业收入。就他们的农业收入来说,我曾做过计算,发现他们卖的农产品减去他们用于生产资料的费用,2000年只有300多块钱,如果加上他们的劳动工资,或者加上他们雇用的人,他们的农业收入实际上是负的。所以对于农民而言,现在出卖他们的劳动力,就是说,劳务输出是最有价值的,收益是最大的。劳务输出不需要买化肥,不需要其他什么成本。我算了一下2002年农民工人均月收入,如果一个农民工在城里工作的话,人均月收入是486块钱,比他一年卖了粮食得到的净收入还要多,这还没有考虑到他的劳动力价值。所以说现在解决三农问题,就是要为广大农民工特别是青壮年农民工,包括初中、高中毕业的农村青年在城里创造就业岗位。然而,这也引起了另外一个问题,就是导致城市下岗失业人员问题突出了。我上个月去了一趟吉林,吉林同样存在着这个问题。吉林大约也有七八十万的下岗失业人员,包括登记的失业人员。但是另外一个方面,吉林现在有相当于城市下岗失业人员两倍以上的人数,就是有160万农民工外出打工,所以这个问题比较突出。再一个突出问题,就是大学毕业生就业问题,现在全国的大学毕业生签约率仅为50%,大学生就业形势也很严峻。当然,山西省有一些学校现在签约率好像比这一数字要高,我刚才问了一下山西省省长,得知我们山西省工科毕业生签约率高,文科毕业生签约率低,所以说我们现在老的问题还没有解决,新的问题又来了。我前几天见到劳动部副部长张子健,我就跟他说,你们要忍住、顶住,大约再花十几年,甚至十年时间都不用,就会把下岗失业人员问题基本上解决了,因为以后都是合同工制。但是现在又冒出来大学生就业的问题。对于这一问题,北京大学就有一些学者做了一些研究,他们发现,这些大学生实际上是属于临时性失业,或者说是意愿性失业。什么叫做意愿性失业?别人每月挣4000元,我要3000元工资,但是我们的市场价码没有3000元,实际上是1500元,就看你接受不接受这个价码了。当你不接受的时候,我们就认为你是属于意愿性失业了。另外,从就业的形式来看,就业形式更加灵活了。现在一些抽样调查发现,很多没有签约的大学生,实际上是属于我们定义的灵活性就业的。我需要说明一下,我们现在对就业概念的理解,不是说你拿了工资,或者说你到人事部门办了手续就叫做就业,将来我们所说的灵活性就业的概念,基本上就是说,在过去一周里,你从事一个小时以上的劳动付出,并获得了合法收入,但不能搞打、砸、抢,不能搞黄、赌、毒,就视为就业。当然,如果一周工作不足30小时,我们就称之为就业不足。另外,你工作(一小时以上)的收入没有高于低保标准,你可以领一点失业保险,或者采取一些其他的办法补偿。所以总的来看,将来解决就业问题,中国没有别的出路,只能靠灵活性就业的办法来解决。我们是在2000年提出这种观点的,现在看来,这种观点越来越明显。所以说大学生就业,国家不能包办,让市场来选择。对于下岗工人,特别是四五十岁那样的弱势人群,我们还可以帮一帮,大学生的人力资本够了,你要是失业,我们的政府是包办不了的,你必须通过市场来就业。为什么这样讲呢?因为我国目前有大专以上学历的人口达5600万,占我国总人口的4.4%。在我国,大学生是稀缺的人力资源,但是如果这些人力资源都要堆到

SARS危机和中国经济

上海、北京、广州等大城市,那就没有办法。所以这些大学生必须进行多方面的就业选择,不管你是到企业工作,还是灵活性就业,从目前来看,大学生的供给,特别是像北京、上海等大城市的供给迅速上升,这意味着大学生的工资价码应该是下降的。但是我们发现,大学生在北京就业的工资,特别是在外资企业就业的工资,相当于其他地方外资企业工资的两倍,比上海还高出30%,这也反映了我们的劳动力市场不是畅通的,所以说工资下降早晚是不可避免的。对于全民而言,就业岗位就是最稀缺的资源。

总的结论,我想概括为五个方面:第一,SARS危机对我国经济的影响是显著的,特别是在2003年第二季度,已经很明显,经济增长率只有6.7%。第二,总体来看,SARS危机的影响是有限的。第三,SARS危机对局部行业和地区的影响是很大的。第四,SARS危机的影响主要是集中在就业方面的影响,特别是对劳动密集型企业的影响,这对于我们在2003年实现创造新增就业岗位800万的目标影响极大。我想再补充说明一句,这800万工作岗位不是说你到哪个单位登记上班的工作岗位概念,通过抽样调查,我们认为,只要你过去一周里有一小时以上的劳动付出,就可以视为就业。因为中国有这种特殊的国情,就是拥有占世界26%的劳动力人口,没有任何一个国家能够解决,我们算解决得不错了。最后一点，从目前来看，全球的经济增长率，2003年估计可能在2.25%左右，全球贸易增长率为4%左右，但是2003年我们的经济增长率可能在8.5%左右，至少2003年上半年就达8.2%了，贸易增长率为39%左右，我想不会低于30%。所以说，在解决SARS危机的影响方面，中国确实为全世界作出了贡献，同时也为全球经济作出了重要贡献。

对于面临SARS危机时需要采取的措施，实际上中国政府迅速做出了反应。首先是2003年5月6日，温家宝总理提出了八项促进经济发展的措施；5月21日，温总理又提出了六项措施。大家可以看出来，2003年4月底的时候，我国政府解决SARS危机，主要是采取有效控制的措施，5月初就提出了"两手抓"的措施，所以这也说明了我们的领导人对SARS危机冲击的反应很快。具体措施我就不列举了。现在我们回过头来看一看，正是因为采取了这些措施，特别是降低了SARS危机的负面影响，包括减免税、对农民工承诺医疗救助、对困难人群实行医疗救助等，措施都是很有效的，我就不展开说了。

下面简单谈一谈公共卫生问题。我们出版了一本书叫《透视SARS：健康与发展》，由清华大学出版社出版。我简要地把其中一些重要的观点给大家介绍一下。首先，我们来看一个重要的基本事实：过去25年我国经济迅速增长，提前翻了两番。如果按照不变价格计

SARS危机和中国经济

算的话,我估计到2003年年底,中国的国内生产总值(GDP)总量将是1978年的9倍,或者超过9倍,这一点看来没有太大的问题。但是我们有一个重大的目标是在20世纪90年代提出来的,就是到2000年人人基本享有初级的卫生保健,这一目标没有实现。其实这个标准定得是非常低的,仅仅称做初级卫生保健。作为社会发展目标,我们可以看出来,中国的人力资本指标,包括人均受教育年限、人口预期寿命、婴儿死亡率,还有人类发展指数,等等,根据联合国开发计划署(UNDP)的计算,自20世纪50年代以来都是迅速提高的,但其提高的主要幅度实际上是在中国改革开放前。我们可以看一看它的增长率:改革开放前,中国的人均国内生产总值(GDP)增长率比较低,只有4.0%,改革开放后实际上达8.3%,这在人类历史上是很少见的。大体上,我们用七八年时间使人均国内生产总值(GDP)翻一番,但是为什么我们的婴儿死亡率下降幅度比较低了?原来,中国前30年的下降幅度每年是5.1%,后来下降幅度每年降为1.6%,预期寿命提高的幅度,在前30年每年增长2.1%,后20年每年增长只有0.3%,就是说增长非常缓慢,甚至我们发现,这一增长幅度还低于印度等国家。这就是我刚才所说的经济发展和社会发展的速度不一样,经济发展速度快得很,社会发展速度相对比较慢,而发展应该是双轮驱动。

目前,我国经济发展的轮子快,而社会发展的轮子慢,两者不匹配在什么地方呢?改革开放前,我们的经济发展速度实际上是相对慢了,但是社会发展速度却是相对快的。只要人类发展,或者社会发展比较好的话,后期经济发展就会比较好。现在我们的经济发展非常快,但是并没有把这些成果分享给社会发展。不信试问当了主任、局长的,你当计委主任,或者文化局局长,或者卫生厅厅长,你们虽然都是局级干部,但你们的地位是不一样的。这就是中国的社会发展问题所在了。我并不是指责担任省计委主任的同志,你的屁股决定脑袋了。1999年,曾培炎同志在主持讨论国家"十五"规划的时候,我就提出了这个问题,就是必须要把社会发展放在一个突出的位置上。经济发展实际上是市场的作用,市场在推动。计委主任主要是创造投资环境就可以了。政府的主要职责是创造公共物品、公共服务,所以你必须拿那些数据来做一些比较。从国际比较的角度来看,现在中国的人口卫生指标相对于我们的人均收入水平而言,在世界上的排位实际上是超前的。社会发展也超前于经济发展,因为很多指标是高于世界平均水平的,但是我们的人均GDP还低于世界平均水平。从历史比较的角度来看,我们的健康卫生指标的增长率大大滞后于我们改革前的增长率,所以本届政府提出要健康、协调、可持续发展,这也是我们一个新的发展思路,但是

SARS危机和中国经济

同时我们也指出，20世纪90年代，我国的医疗保健费用支出的增长率为18.6%，也就是说，我们实际上是花了大量的钱的。一方面，药品价格、住院费用大幅度上升，老百姓花了这么多钱，政府也花了这么多钱，而卫生医疗系统效率低下，我们的交易成本昂贵。什么叫做交易成本昂贵？比如说你生产的药，本来是1块钱，到了患者那里可能是3块钱、4块钱。但是花了这么多钱，我们没有买到比较高的健康指标，我们的人均预期寿命平均年增长率只有0.3%，这就有问题了。当然，我用18.6%的医疗费用增长率是含有通货膨胀因素的，把通货膨胀因素去掉了，也达到了13%，只降了四五个百分点。所以说，我们花钱并没有买到健康。

再看一看我们城乡之间的差距。过去我们讨论了很多城乡差距问题。实际上，它不仅存在着明显的收入差距，还存在着公共服务差距，后者表现出来的特征就是城市居民的疾病类型是典型的发达国家疾病，如心脏病、糖尿病等，是因为经济发达而引起的疾病，而在农村则明显是发展中国家的疾病类型，主要是由于贫困、营养不足、没有清洁水供应等原因引起的疾病。1999年，朱总理主持召开了一个讨论扩大内需的座谈会，我提出了一个关于自来水的问题。我当时引用卫生部的一个数据表明，我们农村还有50%的农民没有吃上自来水，现在还有40%多的农民没有吃上自来水，包括经济非常发达的江苏。回良玉同志到了江苏以后,搞了很多改水改厕工程。当时有人笑话他说,扩大内需跟改水改厕工程有什么关系,说他还是搞计划经济那一套,拿了钱应该去搞大项目呀。我们并不是说不要搞高速公路等大项目了,但是我们扩大内需还是以富民为本,还是要解决老百姓的公共卫生问题。

再一个问题,孕产妇死亡率也是体现城乡差距的一个很重要的指标。从图3中我们可以看出来,农村的孕产妇死亡率趋势跟城市的孕产妇死亡率趋势都是下降的,但是农村的下降趋势仍然明显低于城市(图3)。我们再看一看5岁儿童死亡率的下降情况也是如此(图4),所以城市和乡村之间的差距还是蛮大的。刚才所说的孕产妇死亡率,还有婴儿死亡率,是两种不同的公共服务,特别是卫生服务。公共服务的重点在农村,而城

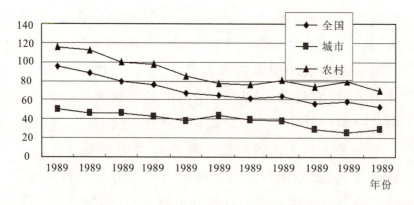

▲图3　孕产妇死亡率

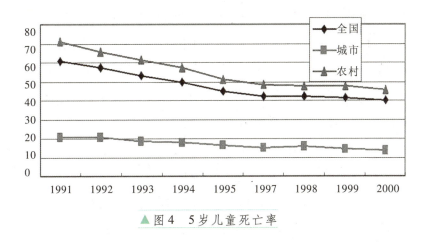

▲ 图4　5岁儿童死亡率

市中有一些服务要相对放开，只是补贴少量的城市贫困人口。这也包括公共服务地区之间的差异性，山西省属于中等偏上的省份，还算不错，主要是西部地区省份的公共卫生服务的可及性。所以说这一次中央还要搞公共卫生服务的投资，我主张还是要少搞锦上添花，多搞雪中送炭，特别是一些贫困的地区更是如此。另外，我前面谈到了不重视公共卫生服务会对宏观经济产生负面影响的问题。2002年12月份，卫生部部长主持了一个与世界卫生组织合作的叫做"宏观经济与卫生"的研究项目，当时请的是哈佛大学教授杰弗里·萨克斯(Jeffrey D. Sachs)。他于2001年做了一个"全球宏观经济与卫生"的报告。2002年年底我做了一个"中国宏观经济与卫生"的报告。报告中我提出了一个健康GDP的概念。它是仿照世界银行在1994年以后，特别是在

1997年正式提出的"绿色GDP"的概念而来的。我们知道，GDP的通常计算方法都是用加法，投资＋消费＋进出口、一产业＋二产业＋三产业、租金＋工资＋利润等，从不同的角度都可以算出GDP。但是实际上我们的GDP也有减少，就是减去自然损失，叫做绿色GDP。绿色GDP就是说，虽然GDP比较多，收入水平增长率也挺高，但是你要花钱买药品、花钱住医院、因病致残、因病致贫，等等，实际上应该减掉自然损失的部分。我们讲的国民福利是净福利，你不能说这只手刚领了工资，那只手还不够买药的钱。昨天我在医院里看一个病，其实就是一个很小的病，我带了200块钱，居然不够，而我不可能一天挣200块钱。说的就是这个意思了。所以说，这都直接关系到我们每一个人的切身利益。

在此基础上，我们提出了新的发展观。SARS危机以后，我们有一些新的认识，特别是从发展观到发展战略层面，我觉得主要有下面几个核心的观点：

第一个大的观点是"以人为本"的新发展观，就是要明确增长不是目的，而是手段。实际上，我们现在把经济增长变成目的了，而且是第一目的。其实，增长是为人服务的，而不是人为增长服务，应把这个观点搞清楚。要实现以人为本，首先，要有目的、有手段地使得经济增长的成果能够为全体人民共享。刚才我已经讲了中国的经济增长率，非常高，人均GDP增长率达8.3%。

SARS危机和中国经济

在过去20年内,全世界都没有这么高的经济增长率,它不可能再进一步提高了。我们能不能把8.3%中的一部分财富转化为促进社会发展的经费呢?这不是自动实现的,它必须是有目的、有意识地实现,这就需要发挥政府的作用。比如,政府的战略、政府的政策、政府的制度安排,等等。其次,要大力开发人力资源,因为中国最大的资源是劳动力,占世界总量的26%,而中国的人口占世界人口总量的21%,所以我们要开发自己,对自己进行投资,投资于教育,投资于健康,投资于知识。而且这能够有效地缩小地区差距,因为我们现在发现中国的地区差距主要有两类:一类叫做经济发展差距,我估计很难缩小。比如说山西,1978年广东人均GDP只比你们高1块钱,但是现在你们跟人家相差两倍多,指望20年内缩小和广东的人均GDP差距,我认为很难,但是我们可以缩小社会发展差距,比如说像婴儿死亡率、孕产妇死亡率、人均预期寿命、教育指标,等等,这是完全有可能的。所以说中国缩小地区差距,核心是缩小地区社会发展差距,进而有可能缩小地区经济发展差距,我有一本书对此做了专门的论述,就是《社会与发展——中国社会发展地区差距研究》一书。

第二个大的观点是经济发展和社会发展双轮驱动。我前面讲了这么多数据,就是得出一个结论:中国区域发展的不平衡性是非常突出的。假定中国是一列发展的快车，两个轮子一起转，不能一个轮子转得快，一个轮子转得慢，而应该是双轮驱动，因为从中国目前的经济发展模式来看，人均GDP不可能追上美国，但是我们可以提出比较高的人类发展指标，我觉得这还是非常有希望的，所以说全面建设小康社会的目标，其核心是要提高我们的人类发展指标。

第三个大的观点是，要共同富裕，消除绝对贫困，避免两极分化。中国必须坚持社会主义道路，社会主义道路的本质，我们称之为共同发展、共同富裕。首先还是要共同发展，其次是共同分享，不能一部分人分享、一部分地区分享，还有其他地区、其他人群也应该分享。

第四个大的观点是走可持续发展的道路。我想这对山西省来说尤其重要，我们要经济发展和社会发展并举，协同发展，相互协调，相互配合，同步发展。另外，我在计委多次讲过，国家计划应少讨论一些硬件投资，多讨论一些软件投资。因为过去我们的国家计划基本上是一个投资计划，投资计划基本上是一个投资硬件计划，投资硬件计划基本上是一个投资大项目的计划。实际上，世界各国的国家计划都主要是用于公共服务的。所以说，中国的国家计委社会发展司都属于边缘司，你在社会发展司当司长，与在投资司或者技术产业司当司长就不是一个概念了。

下面我再谈几点具体的建议。

第一,全国或者一个省、一个地区能否制定一个公共服务的最低标准,保证人人都能享有一定水平的公共服务,即公共服务的均等化。同时,要重新认识效率和公平的原则,从市场经济的角度来看,就是效率优先,没有必要兼顾公平;但是从社会发展和收入分配角度来看,这是市场失效的地方,恰恰应该是公平优先。我们不能把效率优先、兼顾公平的道理用于所有的领域、所有的地区,这是不大可能的,在西方国家也不是这样的。所以说,我们必须分不同的领域、不同的地区来确定不同的原则。毛泽东同志讲得很好,马克思主义的灵魂是具体问题具体分析。有时候,我们的理论家提出来的这些东西,都是欠缺的,因为在西方经济学中讨论的问题,效率和公平是对质的,在很大程度上是互补的。比如,大量研究表明,大量投资于基础教育和公共卫生领域,要比投资于高等教育和私人卫生领域效率高多了,它既可以达到公平,又可以提高效率。实际上,我们对西方的经济学缺乏基本的常识,但是这套思想指导了我们20多年,所以我们需要重新拨乱反正。

第二,增加政府对软件的投资。什么叫做软件投资?就是支撑一个国家长期发展的基础性、公共性领域的投资。包括有利于国民素质提高的研发、教育、公共卫生等等,当然也包括饮用水。我刚才讲的很多都属于公共产品。温总理在2003年6月份的专家座谈会上讲得很清楚,政府要强化公共服务职能。我们提出,政府职能需要从干预型政府向公共服务型政府转变。因为政府有两种:一种叫剥削论或掠夺论,这是一只掠夺之手,像乱收费现象就是典型的掠夺之手;另一种叫服务论,这是一只服务之手,你必须为老百姓提供很多公共服务。我们现在实际上就是砍掉掠夺之手,然后变成一只公共服务之手。这面临着一个根本性的问题——政府转型,我们正处在一个转型的过程中。

最后,重视公共卫生和公共健康。怎样重新认识这两个概念?公共健康是指健康的人口,也就是说,绝大多数人口处在健康状态下,拥有良好的健康状况。后一句话很重要,它是更公正的健康分配。我们的医院设在哪儿,为谁服务,这本身就是分配,甚至在很大程度上是纳税人的税收怎么有效地使得它能够公正地、合理地分配的问题。公共卫生实际上不只是一个卫生的问题,它还是一个分配机制的问题。你当卫生局局长也好,当医院院长也好,你要想到自己不是一个医院大夫,不是一个医院主管,你要有效地分配公共卫生资源。你不能使一部分人过高享受到这种资源,使另一部分人基本上没有享受到。我想说明一点,公共卫生或者卫生经济学家在美国都是比较主流派的人在研究,但是在中国基本没有人去研究,中国能够研究公共卫生问题的经济学家,也没有几个。在SARS危机之前,它始终不入主流,被主流忽略在外,这次SARS危机才使得大家开始关注公共卫生问题。

在这里,我谈一谈我们在SARS危机之前的一些观点,就是怎么看待公共卫生问题。公共卫生首先要确定它的可及性目标。它的目的是,我不去考虑富人怎么做,我要考虑所有的人,特别是穷人,使人人享有最低的初级保健卫生目标。大家可能不知道,我们2000年有一个重大的目标没有实现,就是人人享有初级保健的目标。我们要拖到2005年、2010年实现另外一个目标,就是要实现联合国千年宣言,这是国际承诺。这个国际指标包括8大类48个指标,大多数都是卫生目标,如降低婴儿死亡率、孕产妇死亡率、生殖健康服务,等等。我们看一下国家计委的目标,也可以看一看山西省计委的目标,和联合国的目标是不一样的。联合国的目标体现了以人为本的精神,体现了公共服务的职能,所以我今天讲这个问题,最好不要白讲,我希望在国家计委的目标还没有改变之前,山西省计委将来的目标是不是有一个比较大的改变,这是政府要做的事。增长率多少,那是取决于市场供求关系,跟你计委没有什么太大的关系,这也是我个人的看法。克林顿政府、布什政府什么时候提出过经济增长率是2%、3%的目标呢,没有必要,因为它取决于市场供求关系。市场供求关系跟我们10年前、5年前的情况大不一样。北京市现在讨论"十一五"规划思路,我首先提出来,你的"十一五"规划准备做什么,是掺和市场经济那一套呢,还是提供公共服务,咱们先把这个问题搞清楚,将来就是要使计委的社会发展司司长的声音高于投资司司长的声音。

我们的网站上有100多篇文章,有100多篇国情报告,还有很多学术论文,大家可以看一看。另外,大家有什么看法和意见,也可以给我写邮件(E-mail)。我愿意多听听大家的反映,特别是对SARS危机以后的反思和新的发展,起到一定的推动作用!

编辑说明

  这套书中的个别报告曾经在其他场合讲过，或曾经在其他刊物发表，为了保持报告完整性并加以更广泛的科普宣传，仍将其收入书中。为了统一风格，所附参考文献不再列出，敬请谅解。

  书中所配插图主要系编辑所加，其中大部分取得了版权所有者的授权。由于时间紧急，个别图片尚未联系到版权人，敬请图片作者与北京大学出版社联系。联系电话(010)62767857。